數學中的

「無限宇宙」

數學家開啟了幾何跟自然的大門，
更開啟人類無限的知識！

張遠南，張昶　著

π的最佳逼近、連續統問題、微積分學創立……
人類所能理解的「數的盡頭」在哪？
在抽象與具體之間，跳脫有限的框架，探索「無限」的數學！

目錄

目錄

序

　　20 世紀最偉大的數學家之一，德國的大衛·希爾伯特，曾經把數學定義為「關於無限的科學」。在數學家的眼裡，經驗的提示並不是數學，只有當經驗寓於某種無限之中，才是數學。

　　「無限」常讓人感到迷惘，「有限」卻讓人覺得實在！人們總把「無限」當成一種特殊性來看待。其實，這是一種習慣的偏見，「無限」同樣有其極為豐富的內涵。藉助康托的理論，我們甚至可以比較它們的大小！大多數的「有限」，正因其寓於無限之中，而表現出更加充實的含義。諸如，無限過程的有限結果，無限步驟的有限推理，無限總體的有限個體……等等。這種無限中的有限，恰是數學科學的精華所在！

　　這本書既不打算、也不可能對無限的理論做全面的敘述。作者的目的只是希望激起讀者的興趣，並由此引起他們學習這門知識的欲望。因為作者認定，興趣是最好的老師，一個人對科學的熱愛和獻身，往往是從興趣開始的。然而人類智慧的傳遞，是一項高超的藝術。從教到學，從學到會，從會到用，又從用到創造，這是一連串極為主動、積極的過

程。作者在長期實踐中，有感於普通教學的局限和不足，希望能透過非教學的方式，實現人類智慧的傳遞和接力。

　　本書中介紹的許多知識，曾是數學裡極為精彩的篇章。作者力圖把這些內容敘述得生動有趣、通俗易懂，但每每感到力不從心。因此，對初學者來說，有些章節可能依然十分深奧。不過，若能多看幾遍，一定會有收穫的！

　　由於作者所知有限，書中的錯誤在所難免，敬請讀者不吝指出。

　　但願本書能為人類智慧的傳遞鋪橋開路！

張遠南

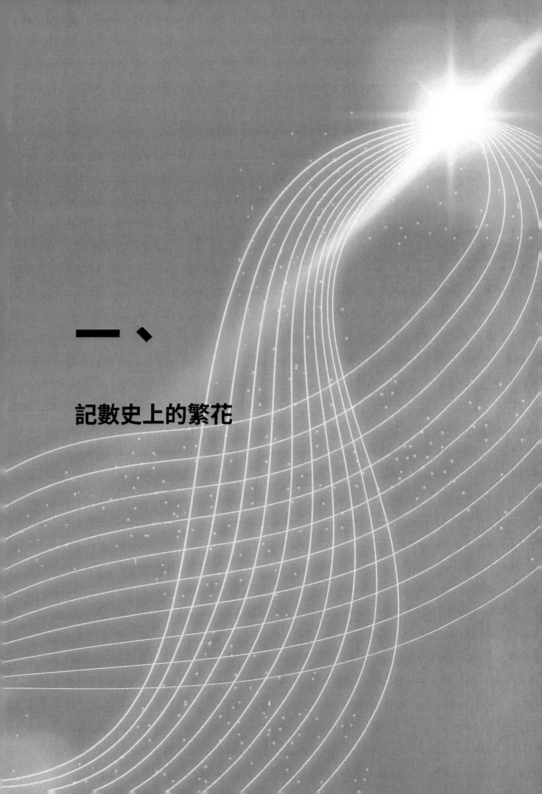

一、

記數史上的繁花

以下這則膾炙人口的故事出自《笑府》，其流傳之久遠，少說已有數百年！故事的大意如下。

從前有個財主，自己目不識丁，於是請了個先生，教他兒子讀書。

先生來了以後，先教財主的兒子描紅。描一筆，先生就教道：「這是『一』字。」描兩筆，先生便教道：「這是『二』字。」描三筆，先生又教道：「這是『三』字。」

「三」字剛一寫完，但見財主的兒子把筆一丟，一蹦一跳地去找父親，他說：「爹！這字可太容易認了。我已都會了，用不著再請先生了！」財主聽了很高興，便把先生辭退了！

不久，財主準備請一個姓萬的親戚喝酒，便要兒子寫張請帖。不料過了許久，他還不見兒子把請帖拿來，只好親自去房間催促。

兒子見父親來，便埋怨說：「天下姓氏多得很，為什麼偏姓萬呢？我一早到現在，寫得滿頭大汗，也才描了五百多筆，離一萬還遠著呢！」

對文明的人類來說，以上的故事當然是笑話。但讀者可能未曾想過，這個令人捧腹的方法，在人類的記數史上，曾經一度相當先進！

人類最初對數的概念是「有」和「無」。在經歷了漫長的歲月之後，才開始出現數字 1、2、3，對大於 3 的數，則一概稱之為「許多」。

我們這個星球上的文明，有著驚人的相似，無論是東方還是西方，都有過結繩記數的歷史。傳說，古波斯王有一次去打仗，他命令將士們守一座橋，要守 60 天。為了把 60 這個數準確地表示出來，波斯王用 1 根長長的皮條，在上面繫了 60 個扣子。他對將士們說：「我走後，你們一天解 1 個扣子，什麼時候解完了，你們的任務便完成了，就可以回家了！」《易經》曾記載上古時期祖先「結繩而治」的史實。圖 1.1 是甲骨文中的「數」字，它的右邊表示右手，左邊則是一根打了許多繩結的木棍。看！它多像一隻手在打結呀！

圖 1.1

1937 年，人們在羅馬尼亞境內的維斯托尼斯發現了一根大約 40 萬年前的幼狼橈骨，七英寸（17.78 公分）長，上面刻有 55 道深痕。這是迄今為止最早刻痕記數的歷史數據。圖 1.2 是中國北京郊區周口店出土、大約 10,000 年前山頂洞人用的刻符骨管。骨管上的點圓形洞代表數字 1，而長圓形洞則很可能代表數字 10。如果考古學家最終證實這個猜想，那麼圖 1.2（a）、（b）、（c）、（d），就分別表示數字 3、5、13、10。

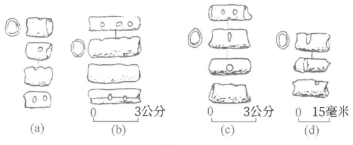

圖 1.2

在記數史上，繼繩結刀刻之後，最為光輝的成就，莫過於用記號代表一個數字。羅馬數字就是這種進步的早期產物，這個數字系統如今已經廢棄了 500 多年！

大概由於人有兩隻手，而每隻手有 5 個手指頭的緣故吧！古羅馬人採用了以下的符號來表示數：

$$I = 1 \quad II = 2$$
$$III = 3$$
$$V = 5 \quad X = 10$$
$$L = 50 \quad C = 100$$
$$D = 500 \quad M = 1,000$$

記數時，採用加法和減法法則，即當數值較小的符號位於數值較大的符號後面時，兩個符號數值相加；反之，則數值相減。例如，VI 表示「5 加 1」，即 6；而 IV 則表示「5 減 1」，即 4……等等。這樣，羅馬符號

MCMLXXXVIII

MMCXV

MCXLII

即代表著數 1988，2115，1142。

儘管上述符號有點令人肅然起敬，但就實用而言，卻遠比古印度和古埃及人的發明來得遜色。後者是用專門的符號反覆書寫一定次數的方法來表示數，例如，2115 在古埃及人寫來，則如圖 1.3 所示。

圖 1.3

這種古老的記號，顯然是十進位制的：1 個「」相當於 10 個「」；1 個「」相當於 10 個「」；而 1 個「」則相當於 10 個「∩」。從右到左，各類符號「逢十進一」。這已經接近十進位制數位記法了。難怪，當先進的阿拉伯數字系統傳到歐洲，那種由羅馬數字構築起來的記數堡壘，便立即土崩瓦解，並近於銷聲匿跡。

隨著社會的發展和數字範圍的不斷擴大，人們不得不想出更加簡便的方法，以表示大數。有不少記號在歷史上僅如曇花，展現一時。圖 1.4 是西元 1000 年左右，俄國一些學者手稿中採用的記號，稱為「斯拉夫數」。每個大數單位用一

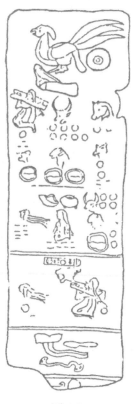

個字母表示，而在它的四周加上不同的邊飾，以示區別。不過，自從用以 10 為底的指數表示的科學記數法誕生以來，人類的記數道路便一望無際了！

類似古埃及的記數方法，也同樣出現在古代的東方。圖 1.5 是雲南省晉寧石寨山出土的一塊青銅片的示意圖。青銅片呈長方形，下殘，上有圖畫文字，其中包括記數方法。片上有 3 種記數符號，即「—」「○」和「◉」，分別代表個、十和百。例如，最上段畫著一個帶枷的人，下面有 1 個「○」和 3 個「—」，表示這種帶枷的人有 13 個。這大概是中國少數民族創造的一種記數制。

圖 1.5

10^3 10^6 10^{12} 10^{24} 10^{48}

圖 1.4

早在 4,000 多年前，當中國剛進入奴隸社會時，就已出現相當完善的十進位制記數系統。在 3,500 多年前殷商時期的甲骨文中，便有 1～10 的文字，以及「百」、「千」、「萬」等相應的符號，如圖 1.6 所示。

圖 1.6

可以看出，圖 1.6 所示的 13 個符號中的最後 3 個，與中文字「百」、「千」、「萬」的書寫已很接近。只是代表「一萬」的符號，為什麼如此像一隻蠍子（圖 1.7），實在令人難以捉摸！莫非史前有一個時期，這種其貌不揚的小動物曾經極度繁衍，肆虐一時？為此，上古人書其形，表其多，稱之為「萬」？事實究竟如何，只好留待史學家們去細細考查了！

圖 1.7

二、

大數的奧林匹克

在〈一、記數史上的繁花〉中我們說過，原始人對數的了解是極為粗糙的。就記數本領而言，即使那時的部落智者，也難以與當今的幼稚園小朋友相抗衡！

到了上古時期，人們仍滿足於只知道一些不大的數，因為這些數對他們的日常生活已經足夠了！羅馬數字中最大的記號是 M，代表 1,000。倘若古羅馬人想用自己的記數法表示如今羅馬城市人口的話，那可是一項極為艱鉅的任務。因為，無論他們在數學上是何等的訓練有素，也只能一個接一個地寫上數千個 M 才行！

不過，羅馬數字後來隨社會發展的需求而有所擴大。人們在某數字的上方加一條短橫，用以表示該數的 1,000 倍。例如，$\overline{\text{V}}$ 表示 5,000，$\overline{\text{XC}}$ 表示 90,000 等。一天有 86,400 秒，86,400 這個數字便可用上述記號寫為

$$\overline{\text{LXXXVI}}\text{CD}$$

在三、四千年前的古埃及和古巴比倫，10^4 已是很大的數了。那時的人認為，這樣的數已經模糊得難以想像，因而稱之為「黑暗」。幾個世紀以後，大數的界限放寬到 10^8，即「黑暗的黑暗」，並認為這是人類智慧所能達到的頂點！

在中國，約 3,500 年前殷墟的考古中，人們在獸骨和龜板上的刻辭裡，發現了許多數字，其中最大的竟達「三

萬」。圖 2.1（a）為出土的殷墟甲骨文字，圖 2.1（b）是其上的數字對照。

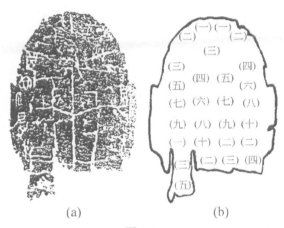

(a)　　　　　　(b)

圖 2.1

很明顯，大數的奧林匹克紀錄是很難長時間保持的。歷史車輪的前進是怎樣影響著人類的記數史，只要看看下面的例子就足夠了！

這是歷史學家鮑爾記述的有關「世界末日」的古老傳說：

在世界中心瓦拉納西（印度北部的佛教聖地）的聖廟裡，安放著一塊黃銅板，板上插著 3 根寶針，細如韭葉，高約腕尺。梵天在創造世界時，在其中的一根針上，從下到上串著由大到小的 64 片金片。這就是所謂的梵塔。當時梵天授

言：不論黑夜白天，都要有一個值班的僧侶，按照梵天不渝的法則，把這些金片，在 3 根針上移來移去，一次只能移 1 片，且要求不管在哪根針上，小片永遠在大片的上面。當所有 64 片金片都從梵天創造世界時所放的那根針，移到另外一根針上時，世界就將在一聲霹靂中消滅，梵塔、廟宇和眾生都將同歸於盡！這便是世界的末日……

在以後的章節我們將會看到，要把梵塔上的 64 片金片全都移到另一根針上去，需要移動的總次數大約是

$$1.84 \times 10^{19} \text{ 次}$$

這需要夜以繼日地搬動 5,800 億年！想必梵天在預言之初，也未必認真計算過。不過，上面的數字和我們將要遇到的大數相比，的確小得可憐！

大約西元前 3 世紀，大名鼎鼎的古希臘數學家阿基米德（Archimedes，西元前 287 ～前 212），曾用他那智慧超群的腦袋，想出了一種書寫大數的方法，並為此上奏當時敘拉古國王的長子格朗。這篇流芳千古的奏本，開頭是這樣寫的：

王子殿下：有人認為無論是敘拉古還是西西里，或其他世上有人煙和無人跡之處，沙子的數目是無窮的。另一種觀

點是，這個數目不是無窮的，但想要表達出比地球上沙粒數目還要大的數字，是做不到的。顯然，持這種觀點的人肯定認為，如果把地球想像成一個大沙堆，並將所有的海洋和洞穴通通裝滿沙子，一直裝到與最高的山峰相平。那麼，這樣堆起來的沙子總數，是無法表示出來的。但是，我要告訴大家，用我的方法，不但能表示出占地球那麼大地方的沙子數目，甚至還能表示出占據整個宇宙空間的沙子總數……

阿基米德並沒有言過其實，他果真算出了占據整個宇宙空間的沙粒總數為 10^{63} 這在當時可是一個大得足以將人嚇出夢魘的數字！不過，那時阿基米德了解的宇宙與現實的宇宙有很大的不同。那個時代的天文學家錯誤地認為，恆星是固定在一個以地球為中心的大球面上。這個球的半徑，按照阿基米德的數據推算，大約為 1.2 光年。而今天人們已經確切地知道，可觀察宇宙半徑為 465 億光年以上，這個宇宙半徑要比阿基米德的宇宙半徑大大約 3.87×10^{10} 倍。所以實際上，要填滿當今可觀察宇宙所需要的沙粒數，應為

$$10^{63} \times (3.87 \times 10^{10})^3 = 5.82 \times 10^{94}$$

值得一提的是，1940 年，一位美國作家卡斯納（E. Kasner）在一本科普書《數學與想像力》（*Mathematics and the*

Imagination）中，引進了一個叫 googol 的數。此數相當於 100 個 10 連乘，即 10^{10^2}。不知什麼緣故，googol 的出現，居然很快風靡全球！

googol 當然是一個極大的數，它比上面講的填滿當今可觀察宇宙所需要的沙粒數要大約 17 萬倍！不過，它依然成不了大數「奧林匹克」的金牌得主，比它更大的數多得是。舉例來說，圍棋是人們喜愛的體育活動。圍棋棋盤上有 $19 \times 19 = 361$ 個格點。從理論上來說，每個格點可以放白棋、黑棋，也可以不放棋子。這樣，361 個格點，每個格點有 3 種可能，共有 3^{361} 種可能的布局變化。用對數表計算一下，就知道

$$3^{361} \approx 1.710 \times 10^{172}$$

這個數顯然遠遠大於 googol。

直至 1955 年，數學家們所知道的最大的、有意義的數，是南非開普敦大學史密斯教授在研究質數時發現的，它大約為

$$[((10)^{10})^{10}]^3 = 10^{300}$$

如今時間又過了 60 多年，以上的大數紀錄已被一再重新整理。為讓讀者了解今日大數「奧林匹克冠軍」寶座的歸

屬，我們還得從「梅森質數」談起。

梅森（Marin Mersenne，1588 ～ 1648）是法國大數學家笛卡兒的同學，曾致力於尋找質數公式。1644 年，梅森指出，在形如 $2^p\text{-}1$ 的式子中，存在許多質數。為敘述方便，我們把

$$M_p = 2^p - 1$$

稱為「梅森數」，而把梅森數中的質數，稱為「梅森質數」。

梅森本人一口氣列出了 9 個「梅森質數」，它們是

M2、M3、M5、M7、M13、M17、M19、M31、M127

人們至今仍不知道，梅森用什麼方法去判定他所找到的數是質數。但梅森曾斷言 M_{67} 和 M_{257} 是質數，卻被後人否定了！當然驗證工作是極為繁重和困難的。此外，數學家們還發現 M_{61}、M_{89}、M_{107} 也是質數，卻被梅森遺漏了。

1962 年，人們藉助電子電腦，又找到了 8 個梅森質數，其中最小的一個是 $M_{521} \approx 6.86 \times 10^{156}$，它已經大大超過了 googol ！沒過多久，美國伊利諾大學的數學家又找到了 3 個更大的梅森質數，其中最大的是 M_{11213}，這個數大約為

$$M_{11213} \approx 2.81 \times 10^{3375}$$

這更是 googol 所望塵莫及的！

M_{11213} 的冠軍寶座尚未坐熱，便已宣告下臺，取而代之的是 M_{19937}。此後，每過幾年，冠軍寶座都會輪番易主，到 1996 年 11 月，冠軍尚屬 $M_{1398269}$，而到 1998 年 1 月，卻又換成 $M_{3021377}$。2018 年第 50 個梅森質數 $M_{77232917}$ 剛被找到，在同年 12 月 7 日，人們又找到了第 51 個梅森質數 $M_{82589733}$，這個長達 24,862,048 位的數，仍是目前人類所知道大數的「最高」紀錄。不過這個紀錄能保持多久，世人正拭目以待！

三、

「無限」的誕生

　　「無限」的思想，最早萌生於何時何地，如今已難確切查證。然而古希臘學者對質數無限性的了解，至少已有2,300 年的歷史。一個簡單而完美的論證，載於歐幾里得（Euclid，西元前 330 ？～前 275 ？）的名著《幾何原本》第九卷。

　　為了讓讀者一覽這位人類智慧巨匠的獨特思想，我們引證一段精妙的原文。文中全部用幾何的方式表述一個純粹數的問題！其中「測量」一詞，即算術中的「除盡」。

　　質數比任何給定的一批質數都多。

　　假設 A，B，C 是指定的質數；我說除了 A，B，C 之外，還有其他的質數。事實上，取 A，B，C 所能測量的最小數，設它為 DE；把單位 DF 加到 DE 上。於是 EF 或許是質數或許不是。首先，假設 EF 是質數，那麼我們已得到了質數 A，B，C，EF，它比質數 A，B，C 要多。其次假設 EF 不是質

數，從而它必能被某個質數所測量。假設它能被質數 G 測量，我說 G 和數 A，B，C 都不相同。因為，如果可能的話，假定 G 和 A，B，C 中的某個數相同。那麼由於 A，B，C 能測量 DE，所以 G 也能測量 DE，但 G 還能測量 EF。所以，G 作為一個數，它就能測量餘數，也就是單位 DF；而這是荒謬的！所以，G 與 A，B，C 當中的任何一個數都不相同。並且，按照假設，G 是質數。所以我們就找到了質數 A，B，C，G，它比給定的一批質數 A，B，C 更多。

可能讀者有人會提出疑問，歐幾里得的證明只提 3 個質數，這具有一般性嗎？答案是肯定的！對多個質數的情形，推理完全一樣。改為數的表述，即若 2，3，5，7，11，……，P 為所有不大於 P 的質數，則

$$2\times3\times5\times7\times11\times\cdots\cdots\times P + 1 = N$$

數 N 要麼是質數，要麼所有的質因數都大於 P。

然而，歐幾里得並不是提出「無限」概念的第一人。在他之前約 200 年，另一位古希臘學者芝諾（Zeno of Elea，西元前 490？～前 430？）曾提出一個著名的「追龜」詭辯題。從中我們可以看到，當時人類對「無限」的認知及理解上的局限。

大家知道，烏龜素以動作遲緩著稱，阿基里斯則是古希臘傳說中的英雄，善跑的神。芝諾斷言，阿基里斯與烏龜賽跑，將永遠追不上烏龜！

芝諾的理由是，假定阿基里斯現在在 A 處，烏龜現在在 T 處。為了趕上烏龜，阿基里斯必須先跑到烏龜的出發點 T，當他到達 T 點時，烏龜已前進到 T_1 點；當他到達 T_1 點時，烏龜又已前進到 T_2 點⋯⋯當阿基里斯到達烏龜此前到達過的地方，烏龜已又向前爬動了一段距離。因此，阿基里斯是永遠追不上烏龜的！如圖 3.1 所示。

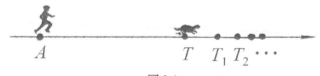

$$A \qquad\qquad\qquad T \quad T_1 \; T_2 \; \cdots$$

圖 3.1

芝諾的論斷顯然與常理相悖。由於當時人類只有粗糙的「無限」觀念，數學家們曾經錯誤地認為，無限多個很小的量，其和必為無限大。芝諾正是巧妙地利用這個時機，把有限長的線段分成無限多個很小線段的和；把有限時間可以完成的運動，分成無限多段很短的時間來完成。芝諾的「追龜」問題，無疑是向當時錯誤的「無限」觀念提出挑戰。數學家們感到數學面臨著潛在的危機！

後來人們終於弄清楚，要克服上述危機，需要一場觀念上的革命。無限多個很小量的和，未必是無限大！無限地累

加，也可能得出有限的結果！

讓我們再看一看追龜問題。設阿基里斯的速度是烏龜速度的 10 倍，烏龜在前面 100 公尺。當阿基里斯跑了 100 公尺時，烏龜已前進了 10 公尺；當阿基里斯再追 10 公尺時，烏龜又前進了 1 公尺；阿基里斯再追 1 公尺，龜又前進 $\frac{1}{10}$ 公尺……於是，阿基里斯追上烏龜所跑的路程 S（單位：公尺）：

$$S = 100 + 10 + 1 + \frac{1}{10} + \frac{1}{100} + \cdots$$

1	2	2^2	2^3	$\cdots$			2^7
2^8	2^9	2^{10}	$\cdots$				$\vdots$
2^{16}	2^{17}	$\cdots$					
2^{24}	$\cdots$						
$\vdots$							
2^{58}	$\cdots$						2^{63}

圖 3.2

上式右端是無限多個很小量的和，然而它卻是有限的！為了讓讀者理解這一點，我們先從等比數列的知識說起。

一個數列，從第二項起，每項與前一項的比是個定值（公比），我們就稱這個數列為等比數列。例如，西洋棋發明人印度宰相向國王請求賞賜的著名問題，依格子順序所需的麥粒數，便是一個等比數列（圖3.2）：

$$1，2，2^2，2^3，2^4，\cdots\cdots，2^{63}$$

又如，中國古代「浮萍七子」的趣味問題。浮萍夜產七子（連同母萍），則一葉浮萍，逐日應得浮萍數，也是一個等比數列：

$$1，7，7^2，7^3，7^4，\cdots\cdots$$

現在假定有一等比數列，第一項為 a，公比為 q：

$$a，aq，aq^2，\cdots\cdots，aq^{n-1}$$

如何求它們的前 n 項和 S_n 呢？一個頗為巧妙的方法是，把 S_n 乘以 q，然後錯位相減，即

$$S_n = a + aq + aq^2 + \cdots + aq^{n-1}$$

$$q \cdot S_n = aq + aq^2 + aq^3 + \cdots + aq^n$$

$$S_n(1-q) = a - aq^n$$

$$S_n = \frac{a(1-q^n)}{1-q}$$

這樣,我們得出了一個很有用的公式。運用這個公式可算出宰相要求國王賞賜的麥粒總數為

$$S_{64} = \frac{1 \times (1 - 2^{64})}{1 - 2} = 2^{64} - 1$$

$$= 18\ 446\ 744\ 073\ 709\ 551\ 615$$

$$\approx 1.845 \times 10^{19}$$

這些麥粒數,幾乎等於全世界 2,000 年內的小麥產量!

當等比數列的公比 q 的絕對值小於 1 時,數列的項無窮遞縮,越來越趨近於 0。此時,雖然項數有無限之多,但它們的和卻是個有限的數。事實上,當 $0 < |q| < 1$ 時:

$$S = a + aq + aq^2 + \cdots + aq^{n-1} + \cdots$$

$$= \lim_{n \to \infty} S_n = \lim_{n \to \infty} \frac{a(1-q^n)}{1-q}$$

$$= \frac{a}{1-q}$$

上式中的符號「$\lim\limits_{n \to \infty}$」表示一種無限中的有限。即「當 n 趨於無窮時，某式的極限」。lim 是英語 limit（極限）一詞的縮寫。

應用上述公式，可以算得追龜問題中阿基里斯的追龜路程

$$S = 100 + 10 + 1 + \frac{1}{10} + \frac{1}{10^2} + \cdots$$

$$= \frac{100}{1 - \dfrac{1}{10}} = \frac{1000}{9} (公尺)$$

幾乎與芝諾處於同一時代的墨子（西元前 468？～前 376？）就曾提出「莫不容尺，無窮也」的見解。也就是說，有一種量，用任意長的線段去量它，它都能容納得下。這是明顯的「無限」思想。稍後於墨子的《莊子》一書，更提到「至大無外，至小無內」。前半句說的是無限大，後半句說的是無限小。該書〈天下篇〉中還有一句名言：

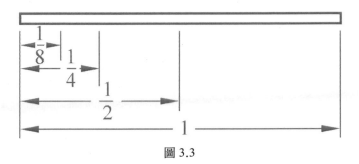

圖 3.3

「一尺之棰，日取其半，萬世不竭！」意思是，把長一尺的木棒，每天取下前一天所剩下的一半，如此下去，永遠也不會取完。這相當於命題（圖 3.3）：

若

$$S_n = \frac{1}{2} + \frac{1}{2^2} + \frac{1}{2^3} + \cdots + \frac{1}{2^n}$$

則

$$\lim_{n \to \infty} S_n = 1$$

由此可見，早在西元前 4 世紀，祖先們就已具有相當明確的「無限」概念！

四、

關於分牛傳說的析疑

在數學上，有時一些貌似複雜的問題，若從另一個角度去思索，卻會顯得十分簡單。

對今天的國中生來說，阿基里斯追龜問題毫無困難。他們之中誰也不會像芝諾那樣去分段求和，而是如圖 4.1 所示，假定阿基里斯的追龜路程為 S，並由速度關係得出

$$S = 10 \ (S - 100)$$

$$S = \frac{1000}{9} \ （公尺）$$

圖 4.1

有趣的「蜜蜂通訊員」又是一道這種類別的「難題」。甲、乙兩人相向而行。一隻蜜蜂充當他們的通訊員，不停地往返飛行於兩者之間。已知甲和乙的速度分別為每分鐘 50 公尺和每分鐘 70 公尺，蜜蜂的飛行速度為每分鐘 100 公尺。開始時，甲、乙兩人相距 1,200 公尺。問相遇時蜜蜂共飛行了多少路程？

從表面上看，這個問題相當複雜，因為蜜蜂飛行的路線是由無數段小路程連線而成的。不過，倘若讀者有足夠的興趣和耐心，是能夠算出蜜蜂每段小路程飛行時間的！以下便是算得的結果，它只提供給感興趣的讀者對照，一般人可以只看答案！

$$t_1 = \frac{120}{17}, \quad t_2 = \frac{1}{3} \times \frac{120}{17},$$

$$t_3 = \frac{120}{17^2}, \quad t_4 = \frac{1}{3} \times \frac{120}{17^2},$$

$$t_5 = \frac{120}{17^3}, \quad t_6 = \frac{1}{3} \times \frac{120}{17^3},$$

......

這樣，我們得到兩組無窮遞縮等比數列：

$$\begin{cases} t_1, t_3, t_5, \cdots \\ t_2, t_4, t_6, \cdots \end{cases}$$

由此可以算得蜜蜂飛行的距離（單位：公尺）

$$S = 100 \times (t_1 + t_2 + t_3 + t_4 + \cdots)$$

$$= 100 \times [(t_1 + t_3 + t_5 + \cdots) + (t_2 + t_4 + t_6 + \cdots)]$$

$$= 100 \times \left[\frac{\dfrac{120}{17}}{1 - \dfrac{1}{17}} + \frac{\dfrac{1}{3} \times \dfrac{120}{17}}{1 - \dfrac{1}{17}} \right]$$

$$= 100 \times 10 = 1000$$

答案為 1,000，即蜜蜂飛行了整整 1,000 公尺！

讀者大可不必為這個答案而驚訝。其實，結論是一眼便能看出的！事實上，甲、乙兩人相遇時間需要 10 分鐘，這期間蜜蜂以每分鐘 100 公尺的速度不停地飛行，因而總共飛行了 100 公尺／分鐘 ×10 分鐘＝ 1,000 公尺。

以下是一則撲朔迷離的傳說，其奧妙和趣味都遠非前面的問題所能相比。

傳說古代印度有一位老人，臨終前留下遺囑，要把 19 頭牛分給 3 個兒子。老大分總數的 $\frac{1}{2}$；老二分總數的 $\frac{1}{4}$；老三分總數的 $\frac{1}{5}$。照印度教的教規，牛被視為神靈，不能宰殺，只能整隻分。先人的遺囑更需無條件遵從。老人死後，三兄弟為分牛一事而絞盡腦汁，計無所出，最後決定訴諸官府。官員本是酒囊飯袋，遇到此等難事，自是一籌莫展，便以「清官難斷家務事」為由，一推了之！

話說鄰村住著一位智叟。一天，他路過三兄弟家門，見三人愁眉不展、唉聲嘆氣。詢問之下，方知如此這般。但見老人沉思片刻，說：「這簡單！我有 1 頭牛借給你們。這樣，總共就有 20 頭牛。老大分 $\frac{1}{2}$ 可得 10 頭；老二分 $\frac{1}{4}$ 可得 5 頭；老三分 $\frac{1}{5}$ 可得 4 頭。你等三人共分走 19 頭牛，剩下的 1 頭牛再還我！」

真是妙極了！一個曾經讓人絞盡腦汁的難題，竟如此輕鬆巧妙地得以解決。這自然引起當時人們的熱議，並傳為佳話，以致流傳至今。

不過，後來人們在欽佩之餘，總帶有一絲懷疑。老大似乎只該分 9.5 頭，最後他怎麼竟得了 10 頭呢？

這件事終於驚動了數學家，他們決心把此事弄個水落石出！數學家們進行了以下計算：

19 頭牛，照老大 $\frac{1}{2}$，老二 $\frac{1}{4}$，老三 $\frac{1}{5}$ 的比例分，各人分別可得 $\frac{19}{2}$ 頭，$\frac{19}{4}$ 頭和 $\frac{19}{5}$ 頭。這時顯然沒有分完，還剩下 $\left(19-\frac{19}{2}-\frac{19}{4}-\frac{19}{5}\right)=\frac{19}{20}$ 頭。

所剩的牛，當然仍要照遺囑分給各人。於是老大又得 $\frac{1}{2} \times \frac{19}{20}$ 頭，老二又得 $\frac{1}{4} \times \frac{19}{20}$ 頭，老三又得 $\frac{1}{5} \times \frac{19}{20}$ 頭。計算一下便知，牛仍未被分完，還剩下 $\frac{19}{20^2}$ 頭。於是還得如此這般，再照遺囑規定去分。這個過程可以一直延續到無窮，只

是每次所剩越來越少罷了！

很明顯，在上述過程中，老大共分得牛數

$$S_1 = \frac{19}{2} + \frac{1}{2} \times \frac{19}{20} + \frac{1}{2} \times \frac{19}{20^2} + \cdots$$

$$= \frac{\frac{19}{2}}{1 - \frac{1}{20}} = 10$$

同理，老二、老三所分牛數

$$S_2 = \frac{19}{4} + \frac{1}{4} \times \frac{19}{20} + \frac{1}{4} \times \frac{19}{20^2} + \cdots$$

$$= \frac{\frac{19}{4}}{1 - \frac{1}{20}} = 5$$

$$S_3 = \frac{19}{5} + \frac{1}{5} \times \frac{19}{20} + \frac{1}{5} \times \frac{19}{20^2} + \cdots$$

$$= \frac{\frac{19}{5}}{1 - \frac{1}{20}} = 4$$

數學家們終於用審慎的態度支持了智叟。他們宣告說，智叟的分牛結論是正確的！

　　看來，一場圍繞分牛問題的風波已經接近尾聲。不料沒過多久，事情又有了戲劇性的變化！有人甚至對智叟的「動機」提出了疑義，他們認為智叟的做法充其量只是「瞎貓碰上死老鼠」而已。他們舉例說，倘若老人留下的只是 15 頭牛而不是 19 頭牛，遺囑規定的是老大分 $\frac{1}{2}$，老二分 $\frac{1}{4}$，老三分 $\frac{1}{8}$。那麼結果又將怎樣呢？

　　設想智叟牽來一頭牛，添成 16 頭。按遺囑，老大分 8 頭，老二分 4 頭，老三分 2 頭。三人共分走 14 頭牛。那麼，智叟是否要把剩下的 2 頭牛都牽回去？誰敢保證智叟沒有「漁利」之嫌？

　　他們說的不無道理！於是一個即將完美解決的問題又死灰復燃。經過幾番爭論，人們終於弄清楚了，智叟的方法的確帶有某種盲目性！問題的癥結不在於智叟是否牽牛來，或牽幾頭牛來、又牽幾頭牛回去，而在於照遺囑，三兄弟所獲牛數的比：

$$\frac{1}{2} : \frac{1}{4} : \frac{1}{5} = 10 : 5 : 4$$

只要最後這個簡單的整數比，能夠將 19 整數拆分，那麼結果必然皆大歡喜，又何須再牽一頭牛來？反之，若遺囑中的簡單整數比不能將牛整數拆分，那麼縱然智叟有再高 10 倍的智商，也只能徒勞！

上述結論不僅為人們提出了分牛問題的最佳答案：

$$\begin{cases} S_1 = 19 \times \dfrac{10}{10+5+4} = 10 \\[3mm] S_2 = 19 \times \dfrac{5}{10+5+4} = 5 \\[3mm] S_3 = 19 \times \dfrac{4}{10+5+4} = 4 \end{cases}$$

而且還能據此構造出許多類似的分羊、分兔等有趣問題。表 4.1 供有興趣的讀者自行設計題目時作參考。

表 4.1 分牛問題

項目	I	II	III	IV	V	VI	VII
遺產數	7	11	11	17	19	23	41
老大占比	$\frac{1}{2}$	$\frac{1}{2}$	$\frac{1}{2}$	$\frac{1}{2}$	$\frac{1}{2}$	$\frac{1}{2}$	$\frac{1}{2}$
老二占比	$\frac{1}{4}$	$\frac{1}{4}$	$\frac{1}{3}$	$\frac{1}{3}$	$\frac{1}{4}$	$\frac{1}{3}$	$\frac{1}{3}$
老三占比	$\frac{1}{8}$	$\frac{1}{6}$	$\frac{1}{12}$	$\frac{1}{9}$	$\frac{1}{5}$	$\frac{1}{8}$	$\frac{1}{7}$

五、

奇異的質數序列

在歷史上大概很難有哪一位數學家，能夠與瑞士數學家尤拉（Leonhard Euler，1707～1783）相比擬。他勤勉而光輝的一生，為人類智慧的寶庫增添了巨大的財富！

尤拉是才智和奮鬥相結合的典範。他從 19 歲開始發表論文，直至 76 歲。50 多年間，他共寫出論文、論著 868 篇，其中有近 400 篇是在他雙目失明後的 17 年間，靠心算和口述寫成的。在尤拉逝世後，彼得堡科學院（俄羅斯科學院）為整理他的遺稿，足足忙了 47 年！

以下是尤拉關於質數無限性的精彩證明，其方法之重要與巧妙，絕非歐幾里得證明所能相比！讀者可以看到，無限中有限的思想，在這位智者的筆下，是怎樣閃爍著光芒！

大家知道，當 $0 < x < 1$ 時，有

$$1 + x + x^2 + x^3 + \cdots = \frac{1}{1-x}$$

從而

$$1 + x + x^2 + \cdots + x^n < \frac{1}{1-x}$$

若 P 為任一質數，則 $x = \dfrac{1}{P} < 1$，有

$$1 + \frac{1}{P} + \frac{1}{P^2} + \cdots + \frac{1}{P^n} < \frac{P}{P-1}$$

另一方面，在非常著名的自然數倒數的求和式中

$$1 + \frac{1}{2} + \frac{1}{3} + \frac{1}{4} + \frac{1}{5} + \cdots$$

儘管後來的項越來越小，但其部分和卻能無限地增大。
事實上，令

$$A_m = 1 + \frac{1}{2} + \frac{1}{3} + \cdots + \frac{1}{2^m}$$

則有

$$A_{m+1} - A_m = \left(\frac{1}{2^m + 1} + \frac{1}{2^m + 2} + \cdots + \frac{1}{2^{m+1}} \right)$$

$$> \frac{1}{2^{m+1}} \cdot 2^m = \frac{1}{2}$$

同理可得

$$A_m - A_{m-1} > \frac{1}{2}$$

$$A_{m-1} - A_{m-2} > \frac{1}{2}$$

……

$$A_2 - A_1 > \frac{1}{2}$$

$$A_1 - A_0 \geqslant \frac{1}{2}$$

以上各式相加，並注意到 $A_0 = 1$，則得

$$A_m - 1 > \frac{1}{2}m$$

這證明了當 m 增大時，A_m 能夠無限地增大。

以下我們回到尤拉關於質數無限性的討論上來。用反證法，假設質數序列是有限的，它們依序是

$$2 , 3 , 5 , 7 , 11 , \cdots\cdots , P$$

於是，有

$$A_m = 1 + \frac{1}{2} + \frac{1}{3} + \cdots + \frac{1}{2^m}$$

$$< \left(1 + \frac{1}{2} + \frac{1}{2^2} + \cdots + \frac{1}{2^n}\right) \cdot \left(1 + \frac{1}{3} + \frac{1}{3^2} + \cdots + \frac{1}{3^n}\right) \cdot$$

$$\left(1 + \frac{1}{5} + \frac{1}{5^2} + \cdots + \frac{1}{5^n}\right) \cdot \cdots \cdot$$

$$\left(1 + \frac{1}{P} + \frac{1}{P^2} + \cdots + \frac{1}{P^n}\right)$$

這是因為不等號左邊式子分母的每一個數，都可以唯一地分解為若干質數的積，而這些積都對應著不等式右邊式子展開後的某一個項。當然，在 m 確定之後，n 必須選擇得足夠大。顯然，右式對任何的 n 都小於 M_P：

$$M_P = \frac{2}{2-1} \cdot \frac{3}{3-1} \cdot \frac{5}{5-1} \cdot \cdots \cdot \frac{P}{P-1}$$

而 M_P 是一個固定的數。當 m 取很大值時，必有

$$M_P < 1 + \frac{m}{2}$$

這樣一來，我們同時有一串矛盾的不等式

$$1+\frac{m}{2}<A_m<M_p<1+\frac{m}{2}$$

這顯示原先假定質數序列有限是錯誤的。這便是尤拉關於質數無限性的證明！

看起來，尤拉的證明似乎要比歐幾里得的證明複雜很多，但數學家們誰也不在乎這個，他們莫不為尤拉的精妙構思所傾倒，因為他們從尤拉的證明中得到的東西，要遠比命題本身多得多！

當然，歐幾里得的證法也因其首次衝破質數無規律的障礙而載入史冊。相同的方法，可以用來證明質數序列中存在著很大的間隙。事實上，我們可以隨心所欲地挑出一串足夠長的連續合數，並把它插在兩個質數的間隙之中！例如，我們希望插入 1,000 個連續合數，可以先找出第一個大於 1,000 的質數 1,009，那麼以下的 1,000 個數

$$2\times3\times5\times\cdots\cdots\times1009+2，$$
$$2\times3\times5\times\cdots\cdots\times1009+3，$$
$$2\times3\times5\times\cdots\cdots\times1009+4，$$
$$2\times3\times5\times\cdots\cdots\times1009+5，$$
$$\vdots$$
$$2\times3\times5\times\cdots\cdots\times1009+1001$$

(合數)

(質數)　　　　　　　　　　　　　　　　(質數)

　　顯然便是連續的合數。這意味著我們在質數序列中，至少找到了 1,000 個數的間隙！

　　質數序列竟然如此稀疏，而且存在著要多長有多長的間隙，這是古希臘人想也沒有想過的！不過，質數之間也不是個個都離得很遠。人們也發現了不少緊黏在一起的質數，如 3，5；5，7；11，13；17，19；29，31；⋯⋯；10,016,957，10,016,959；⋯⋯；1,000,000,007，1,000,000,009；⋯⋯ 這使質數序列顯得更加神祕莫測，並引起歷史上眾多無比優秀的數學家，為此傾注很多心血！

　　1830 年，法國數學家阿德里安‧勒讓德（Adrier-Marie Legendre，1752 ~ 1833）猜想，小於 N 的質數個數 $\pi(N)$ 為

$$\pi(N) \sim \frac{N}{\ln N}$$

　　而號稱「數學之王」的高斯（Johann Carl Friedrich Gauss，1777 ~ 1855），也幾乎同時獨立地猜出了這個公式。從表 5.1 中可以看出，勒讓德和高斯的猜想具有很高的精確度。

表 5.1 小於 N 的質數個數 $\pi(N)$

數值範圍 $1-N$	質數數目 $\pi(N)$	猜想值 $N/\ln N$	偏離/%
$1\sim10^2$	26	22	-15.38
$1\sim10^3$	168	145	-13.69
$1\sim10^4$	1229	1086	-11.64
$1\sim10^5$	9592	8686	-9.45
$1\sim10^6$	78 498	72 382	-7.79
$1\sim10^7$	664 579	620 417	-6.65
$1\sim10^8$	5 761 455	5 428 613	-5.78
$1\sim10^9$	50 847 478	48 254 630	-5.10
...	...	...	...

　　然而，在很長的一段時間裡，勒讓德和高斯的結論依然停留在猜想上。只是在 20 年後，大約 1848 年，俄國數學家帕夫努季·柴比雪夫（1821 ～ 1894）獲得一些積極成果，但此後又沉寂了近 50 年。直到 19 世紀末，1896 年，智慧超群的法國數學家雅克·哈達馬（Jacques Hadamard，1865 ～ 1963）和比利時數學家普桑（Poussin）同時各自獨立地獲得了這個猜想的嚴格證明，並稱之為「質數定理」（也稱「素數定理」）。

　　「質數定理」同時獨立地被提出，又同時獨立地被證明，成為數學史上的佳話！鑑於哈達馬的證明需要用到高深的知識，數學家們常常為此感到美中不足。人們為尋找更為簡易的證明方法，又花了 50 多年。1949 年，質數定理的初

等證明終於被找到。有趣的是，歷史竟然又一次出現巧合，這次的證明又是由兩位數學家同時而又獨立獲得的！

還需要告訴讀者的是，舉凡有關質數分布的命題，包括前面講的質數定理，其證明大都使用到尤拉在證明質數無限性時所創造的方法。這大概就是數學家們對尤拉的證明感到特別讚嘆的原因！

尤拉的終年似乎也如同他超凡的智慧一般，富有預見性。1783 年 9 月 18 日下午，尤拉為慶祝他計算氣球上升定律的成功，請朋友在家聚會。正當他喝完茶與孫子逗笑時，突然間臉色驟變，但見他口中喃喃地說道：「我死了！」菸斗隨即從手中落下，數學史上的一代巨星，竟在這般神奇的情景中隕落了！

六、

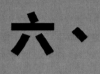

「有限」的禁錮

在大數學家尤拉的眾多著作中，人們竟然發現了一個錯誤。

尤拉曾經在應用牛頓的一個定理時，得到一個與無窮遞縮等比數列的求和一樣的式子

$$\frac{1}{1-x} = 1 + x + x^2 + x^3 + \cdots$$

從而

$$\frac{x}{1-x} = x + x^2 + x^3 + x^4 + \cdots \qquad (1)$$

另一方面，尤拉又推導

$$\frac{x}{x-1} = \frac{1}{1-\frac{1}{x}} = 1 + \frac{1}{x} + \frac{1}{x^2} + \frac{1}{x^3} + \cdots \qquad (2)$$

把以上兩式相加，即得

$$\cdots + \frac{1}{x^3} + \frac{1}{x^2} + \frac{1}{x} + 1 + x + x^2 + x^3 + \cdots = 0$$

然而，這是一個錯誤的式子。因為（1）式與（2）式成立各有不同的前提。

像尤拉這樣偉大的數學家，居然會出現這樣的錯誤，是因那個時代的人，都不對無限運算附加條件的緣故！

「有限」常常禁錮著人們的思想。大家習慣把有限運算的法則，不知不覺運用到無限運算中。當人們為某些正確的成果而歡欣鼓舞時，往往忽略思維中的潛在危險！

以下是一些十分有趣的循環算式計算。

如 $x = \sqrt{3\sqrt{5\sqrt{3\sqrt{5\sqrt{\cdots}}}}}$，這類循環算式是可以直接加以計算的，事實上

$$x = 3^{\frac{1}{2}+\frac{1}{2^3}+\frac{1}{2^5}+\cdots} \cdot 5^{\frac{1}{2^2}+\frac{1}{2^4}+\frac{1}{2^6}+\cdots}$$

$$= 3^{\frac{\frac{1}{2}}{1-\frac{1}{4}}} \cdot 5^{\frac{\frac{1}{4}}{1-\frac{1}{4}}}$$

$$= 3^{\frac{2}{3}} \cdot 5^{\frac{1}{3}} = \sqrt[3]{45}$$

但如果注意到

$$x = \sqrt{3\sqrt{5x}}$$

則

$$x^4 = 45x$$

立得 $x = \sqrt[3]{45}$（捨去 $x = 0$），這顯然要簡單許多。

又如無限連分數

$$x = 1 + \cfrac{1}{2 + \cfrac{1}{1 + \cfrac{1}{2 + \ddots}}}$$

易知有

$$x = 1 + \cfrac{1}{2 + \cfrac{1}{x}}$$

從而 $2x^2 - 2x - 1 = 0$

$$x = \frac{1 + \sqrt{3}}{2} \quad (x > 0)$$

　　讀者中可能很少有人會對上面運算的正確性表示懷疑。其實，這些計算必須以「循環算式的值」存在為前提。倘若不是這樣，我們甚至會得出荒謬的結果！以下的例子，在歷史上是頗為有名的。

　　3 個學生用 3 種不同的方法計算式子

$$1 - 1 + 1 - 1 + 1 - 1 + \cdots\cdots$$

竟然得出各不相同的結果！

　　甲：原式 ＝（1 － 1）＋（1 － 1）＋（1 － 1）＋……
＝ 0 ＋ 0 ＋ 0 ＋……＝ 0

乙：原式 $= 1 +（-1 + 1）+（-1 + 1）+（-1 + 1）+\cdots\cdots = 1 + 0 + 0 + 0 + \cdots\cdots = 1$

丙：令 $x = 1 - 1 + 1 - 1 + 1 - 1 + \cdots\cdots$

因為 $x = 1 -（1 - 1 + 1 - 1 + 1 - 1 + \cdots\cdots）= 1 - x$

所以 $2x = 1$，$x = \dfrac{1}{2}$

親愛的讀者，依你之見，他們三人誰是對的呢？

要跨越「有限」的柵欄，需要一種異乎尋常的思考，下面這道問題的最終結果，可能會大大出乎人們的意料！

1799 年，德國數學家高斯證明了代數學的一個基本定理，即 n 次方程式必有 n 個根。對一個簡單的方程式

$$x^2 = x$$

我想讀者都能準確無誤地求出它的根：$x_1 = 1$，$x_2 = 0$。倘若有人告訴你，你所求的只是有限根，還有兩個「無限」解沒求出呢！對此，你一定會大感驚訝，然而這卻是事實！

人們對司空見慣的東西，常常覺得天經地義。今天，當東方人習慣從左至右橫寫自己富有民族氣息的方塊文字時，在非洲大陸的埃及人，卻習慣從右至左書寫橫行的阿拉伯文。珠算的加法向來從左到右，而小學的直式加法卻是從右到左。人們已經同時習慣於兩者，誰也不覺得其中有什麼不合理的地方。照此看來，當我們記錄某數，例如 1988，也就

認定從左到右的書寫順序：

$$1 \rightarrow 9 \rightarrow 8 \rightarrow 8$$

即使從右至左書寫，也完全不必大驚小怪！

$$1 \leftarrow 9 \leftarrow 8 \leftarrow 8$$

現在假定我們的工作，正是自右向左、從個位數開始的。顯然，要讓 $x^2 = x$，x 的個位數字只能是 1、5 或 6。如果同時考量十位數的話，那麼只有以下兩種可能：

$$\begin{cases} x_1 = \cdots 25 \\ x_2 = \cdots 76 \end{cases}$$

為求 x_1 的百位數字，可令（k_1 為 0 ~ 9 的數字）：

$x_1 = \cdots k_1 25$

$x_1^2 = (\cdots k_1)^2 \times 10^4 + 2 \times (\cdots k_1) \times 10^2 \times 25 + 25^2$

$= \cdots 625$

因為 $x_1^2 = x_1$

所以 $k_1 = 6$

接下去再令

$$x_1 = \cdots l_1\,625$$

$$x_1^2 = (\cdots l_1)^2 \times 10^6 + 2 \times (\cdots l_1) \times 10^3 \times 625 + 625^2$$

$$= \cdots 0\,625$$

又得 $l_1 = 0$

以上步驟可以一步一腳印地做下去，得出一個滿足 $x_1^2 = x_1$ 的無限長的「數」

$$x_1 = \cdots\cdots 2890625$$

從推導的過程容易看出，這個無限長的「數」等於

$$(\,(\,(5^2)^2)^2)^{2^{\cdot^{\cdot}}}$$

求 x_2 的過程稍微複雜一些，但方法是一樣的。令

$$x_2 = \cdots k_2\,76$$

$$x_2^2 = (\cdots k_2)^2 \times 10^4 + 2 \times (\cdots k_2) \times 10^2 \times 76 + 76^2$$

$$= (\cdots k_2)^2 \times 10^4 + 15\,200 \times (\cdots k_2) + 5776$$

因為 $x_2^2 = x_2$

所以 $2k_2 + 7 = k_2 + 10$，$k_2 = 3$

從而 $x_2 = \cdots\cdots 376$

同樣，我們可以求出 x_2 的後 4 位數為 9376；後 5 位數為

09376；再下去又有 109376……如此等等，一位一位數字地往前算，便得到另一個無限長的「數」

$$x_2 = \cdots\cdots 7109376$$

至此，一個極為普通的二次方程式 $x^2 = x$，除通常的 $x = 0$，$x = 1$ 兩個解外，居然又找到了兩個「無限」的解：

$$\begin{cases} x_1 = \cdots 2\ 890\ 625 \\ x_2 = \cdots 7\ 109\ 376 \end{cases}$$

這個有趣的結論，足以讓那些循規蹈矩的學生嚇出一身冷汗！即使大部分聰明的讀者，也難免對此感到意外，並對如今的方程式理論，重做一番認真的思考。

由於 x_1 的右起數字，可以透過下面的計算求得：

5	$=$	5
5^2	$=$	25
$(5^2)^2$	$=$	625
$((5^2)^2)^2$	$=$	$**0\ 625$
$(((5^2)^2)^2)^2$	$=$ *** ***	$*90\ 625$
$\vdots$		$\vdots$
$(((5^2)^2)^2)^{2\cdots}$	$=$	$\cdots 2\ 890\ 625$

因此，我們完全不必一位接一位推算。上面那些式子的右邊，便是直接得到的結果。數字前的「*」是無效的數字，但求 x_2 卻沒有相應於上述的那種捷徑。不過，表 6.1 卻可以幫助你很快透過 x_1 求得它！

表 6.1 透過 x_1 求 x_2

右起位數	x_1 的右起數字	x_2 的右起數字	左側兩欄和
1	5	6	11
2	25	76	101
3	625	376	1001
4	0625	9376	10 001
5	90 625	09 376	100 001
$\vdots$	$\vdots$	$\vdots$	$\vdots$
n	...	...	$(10^n + 1)$

七、

康托教授的功績

　　成語「南柯一夢」的典故是很動人的，這個典故說的是：

　　東平書生淳于棼，平素好酒。居屋南面有古槐一株，枝幹修密，清陰數畝。一日午後，與兩友人會飲廊下，醉臥入夢。見紫衣使者兩人，邀遊「大槐安國」。深得國王青睞，配瑤芳公主。三年後官拜南柯太守，為政二十年，風化廣被，百姓歌頌，甚得國王器重。於是，建功碑，立生祠，賜爵號，居臺輔，貴極祿位，權傾一方。生五男二女，極盡天倫之樂。後公主遘疾，旬日亡過。淳于棼悲戚交加，又念離家多時，欲告老還鄉，遂復由二紫衣使者送歸。一覺醒來，但見斜日未隱，餘樽猶溫，二友人亦談笑榻旁，夢中倏忽，若度一世！

　　讀者在這裡看到的是，短短的一頓飯時間，竟能與數十年的歲月對等起來。不過，幾百年來似乎沒人對此持過異議，因為大家覺得那只是虛幻的夢境而已！

　　倘若有人告訴你，一根髮絲上的點，和我們生活著的宇宙空間裡的點一樣多。對此，你可能感到不可思議！其實，只要掙脫「有限」觀念的束縛，前面講的一切都可能發生！

　　雖說人類早在兩千多年前就知道「無限」，但真正接觸「無限」本質的卻鮮有其人。第一個有意識觸及「無限」本質的，大概要算義大利科學家伽利略，他把全體自然數與它們的平方，一個一個對應起來：

$$0 \quad 1 \quad 2 \quad 3 \quad 4 \quad 5 \quad 6 \quad \cdots$$

$$\updownarrow \quad \updownarrow \quad \updownarrow \quad \updownarrow \quad \updownarrow \quad \updownarrow \quad \updownarrow$$

$$0^2 \quad 1^2 \quad 2^2 \quad 3^2 \quad 4^2 \quad 5^2 \quad 6^2 \quad \cdots$$

它們誰也不多一個，誰也不少一個，一樣多！然而，後者很明顯只是前者的一部分。部分怎麼能等於整體呢？伽利略感到迷惑，但他至死也無法理出一個頭緒來！

真正從本質上了解「無限」的，是年輕的德國數學家、29 歲的柏林大學教授喬治·康托（George Cantor，1845～1918），他的出色工作始於 1874 年。

康托的研究是從記數開始的。他發現人們在記數時，實際上應用了一一對應的概念。例如，教室裡有 50 個座位，老師走進教室，一看坐滿了人，他便無須張三李四地一個個點名，即知此時聽課人數為 50。這是因為每個人都占一個座位，而每個座位都坐著一個人，兩者成一一對應的關係。倘若此時空了一些座位，我們立即知道，聽課學生少於 50，這是因為「部分小於整體」的緣故。然而這只是有限情形下的規律。對於無限的情形，就像前面說到的伽利略的例子一樣，部分可能等於整體！這正是無限的本質！

經過深刻的思考，康托教授得出了一個重要結論，即「如果一個量等於它的一部分量，那麼這個量必是無限量；

反之，無限量必然可以等於它的某一部分量」。

　　接著，康托教授又引進了無限集基數的概念。他把兩個元素間能建立起一一對應關係的集合，稱為有相同的基數。例如伽利略的例子，自然數集與自然數平方的數集，有相同的基數。康托教授正是從這些簡單的概念出發，得出許多驚人的結論。

　　例如，康托證明了在數軸上排得稀疏的自然數，能夠與數軸上擠得密密麻麻的全部有理數，建立起一一對應的關係。也就是說，自然數集與有理數集有相同的基數！

　　以下是康托的證明。

　　先把全體有理數按圖 7.1 排列，圖中的每一個數都對應著唯一的一個有理數。反之，任何一個有理數也都可以在圖中找到。圖的構造細看自明。

　　現在我們把圖 7.1 中的數，按圖 7.2 中箭頭方向的順序排成一串長隊，刪去與前面重複的數後，便得出已經排了隊的全體有理數。

$$0，1，2，-1，\frac{1}{2}，-2，3，4，-3，\cdots\cdots$$

它顯然可以與自然數建立一一對應的關係。因此有理數集與自然數集基數相同。

$$0 \longrightarrow \dfrac{1}{1} \longrightarrow \dfrac{2}{1} \quad \dfrac{3}{1} \longrightarrow \dfrac{4}{1} \quad \dfrac{5}{1} \quad \dfrac{6}{1} \quad \cdots$$

$$-\dfrac{1}{1} \quad -\dfrac{2}{1} \quad -\dfrac{3}{1} \quad -\dfrac{4}{1} \quad -\dfrac{5}{1} \quad \cdots$$

$$\dfrac{1}{2} \quad \dfrac{2}{2} \quad \dfrac{3}{2} \quad \dfrac{4}{2} \quad \dfrac{5}{2} \quad \cdots$$

$$-\dfrac{1}{2} \quad -\dfrac{2}{2} \quad -\dfrac{3}{2} \quad -\dfrac{4}{2} \quad -\dfrac{5}{2} \quad \cdots$$

$$\dfrac{1}{3} \quad \dfrac{2}{3} \quad \dfrac{3}{3} \quad \dfrac{4}{3} \quad \dfrac{5}{3} \quad \cdots$$

$$-\dfrac{1}{3} \quad -\dfrac{2}{3} \quad -\dfrac{3}{3} \quad -\dfrac{4}{3} \quad -\dfrac{5}{3} \quad \cdots$$

$$\dfrac{1}{4} \quad \dfrac{2}{4} \quad \cdots$$

$$\cdots$$

圖 7.1

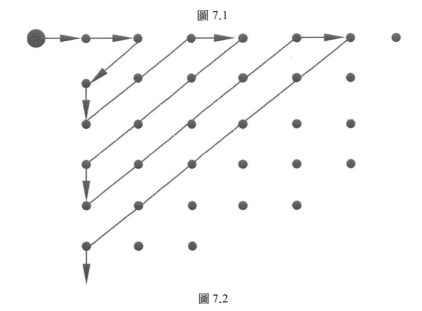

圖 7.2

065

由於自然數集的元素是可以從一開始逐個點數的，所以凡是與自然數集基數相同的集合，都具備可數的特性。顯然，可數集基數是繼有限數之後，緊接著的一個超限數。為敘述方便，康托教授用希伯來字母「阿列夫」$\aleph$加上下標 0 來表示它。於是，我們有以下的基數序列：

1，2，3，4，5，……，$\aleph_0$。這個序列後面還有沒有其他的超限基數？答案是肯定的。因為倘若所有的無限集基數都相同，那麼康托教授的理論也就無足輕重了！

以下我們再看一些令人驚異的例子。

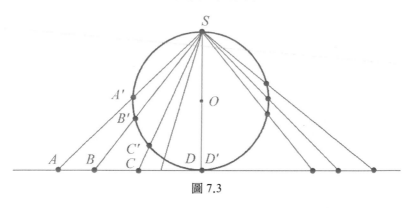

圖 7.3

圖 7.3 可能是讀者所熟悉的，它建立了圓周與直線上點的一一對應關係。這顯示一個有限長圓周上的點，可與無限長直線上的點一樣多！

更為神奇的是，我們還能得出，單位線段內的點，能與單位正方形內的點建立起一一對應的關係。這一點遠不是

人人都能很清楚的。大概讀者中，也會有不少人對此表示
詫異！

其實，道理也很簡單。設單位正方形內點的座標為
$(\alpha，\beta)$，其中 $\alpha，\beta$ 寫為十進小數是

$$\begin{cases} \alpha = 0.a_1a_2a_3a_4\cdots \\ \beta = 0.b_1b_2b_3b_4\cdots \end{cases}$$

令 $\gamma = 0.a_1b_1a_2b_2a_3b_3\cdots\cdots$

則 γ 必為（0，1）內的點。反過來，單位線段內部的任
一點 γ^*：

$$\gamma^* = 0.c_1c_2c_3c_4c_5c_6c_7c_8\cdots\cdots$$

它對應著單位正方形內部的唯一一個點 $(\alpha^*，\beta^*)$：

$$\begin{cases} a^* = 0.c_1c_3c_5c_7\cdots \\ \beta^* = 0.c_2c_4c_6c_8\cdots \end{cases}$$

這樣，我們也就證明了一塊具有一定面積的圖形上的
點，可與面積為零的線段上的點一樣多！如圖 7.4 所示。

看！康托的「無限」理論是多麼奇特，多麼與眾不同，
又多麼與傳統觀念格格不入！難怪康托的理論從誕生的那一

天起，便受到習慣勢力的抵制。有人甚至罵他是瘋子，連他所敬重的老師，當時頗負盛名的數學家克羅內克（Kronecker，1823～1891），也宣布不承認康托是他的學生！精神上的巨大壓力，激烈論戰的過度疲勞，終於超出康托所能忍受的限度。1884 年，康托的精神崩潰了！此後他時時發病，並於 1918 年 1 月 6 日逝世於薩克森州的一所精神病醫院。

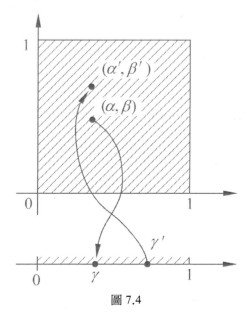

圖 7.4

　　然而，歷史是公正的。康托的理論並沒有因歧視和咒罵而泯滅！如今，康托所創立的集合論已成為數學發展的基礎。康托讓人類從本質上理解了「無限」，人們將永遠緬懷他的不朽功績！

八、

神奇的無限大算術

德國數學家大衛·希爾伯特（David Hilbert，1862 ～ 1943），曾說過一個關於「無限」非常精彩的故事：

我們設想有一家旅館，內設有限個房間，而所有的房間都已客滿。這時來了一位新客人，想訂一個房間。旅館老闆會怎麼說呢？他只好說：

「對不起，房間都住滿了，請另想辦法吧！」

現在再設想另一家旅館，內設無限個房間，所有房間都住滿客人。這時也有一位新客人來臨，想訂個房間。這時卻聽到旅館老闆說：

「沒問題！」

接著，他就把一號房間的旅客移到二號；二號房間的旅客移到三號；三號房間的旅客移到四號……以此類推。在經過一場大搬家之後，一號房終於被騰了出來。新客人就被安排在一號房裡。

不久，突然來了無窮多位要求訂房間的客人。怎麼辦呢？老闆急中生智，又想出了妙方：

「好的，先生們，請稍等。」老闆說。

接著，他通知一號房間的旅客搬到二號房；二號房間的旅客搬到四號房，三號房間的旅客搬到六號房：四號房間的旅客搬到八號房……以此類推。

現在，所有單號的房間都騰出來了！新來的無窮多位旅客，便可以安穩地住進去了！

希爾伯特的這個故事，真是把「無限」的特性刻劃得唯妙唯肖！它說明了一個真理：可數集加上一個或幾個元素，仍是可數集；可數集加上可數個元素，還是可數集。用符號表示就是

$$\aleph_0 + 1 = \aleph_0$$
$$\aleph_0 + n = \aleph_0$$
$$\aleph_0 + \aleph_0 = \aleph_0$$

顯然，這是迥異於有限數運算的奇特算術，它便是無限大的加法。

以下我們再研究 $\aleph_0$ 的乘法運算。先從有限數的乘法說起。如圖 8.1 所示，這裡有 4 列，每列各表示一種圖形，分別是○，△，▽，□。又各列都有 5 種不同的花飾，分別是白、重邊、陰影、陰陽、黑。從基數的觀點看，以上圖形和花飾的配合，構成了一個簡單的算術乘法：

$$5 \times 4 = 20$$

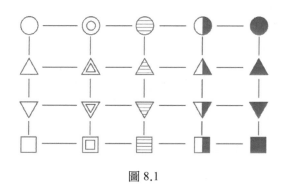

圖 8.1

現在，設想有兩個無限集合

$$\{\bigcirc，\triangle，\bigtriangledown，\square，\cdots\cdots\}$$
$$\{白，重邊，陰影，陰陽，黑，\cdots\cdots\}$$

它們的元素個數分別等於已知的基數。那麼很自然，兩個基數的積可以定義為，由兩個集合元素配合而得到的新集合的基數。下面列出了新集合的所有元素。這個新集合的基數，應用上一節故事中證明有理數可數時用過的那張圖（圖 8.2）。

$$(\bigcirc，白)，(\bigcirc，重邊)，(\bigcirc，陰影)，\cdots\cdots$$
$$(\triangle，白)，(\triangle，重邊)，(\triangle，陰影)，\cdots\cdots$$
$$(\bigtriangledown，白)，(\bigtriangledown，重邊)，(\bigtriangledown，陰影)，\cdots\cdots$$

可知為 $\aleph_0$。所得結果，寫成式子是

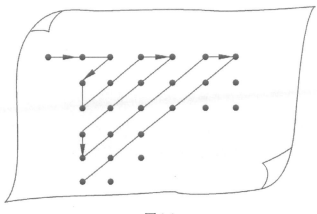

圖 8.2

$$\aleph_0 \times \aleph_0 = \aleph_0$$

由於 $2 \times \aleph_0$，$3 \times \aleph_0$……等等，不可能有比 $\aleph_0 \times \aleph_0$ 更大的基數，從而也就意味著，對於正整數 n 有

$$n \times \aleph_0 = \aleph_0$$

舉例來說，相應於基數為 2 的集合為 $\{+，-\}$，相應於基數為 $\aleph_0$ 的集合為自然數集，則 $2 \times \aleph_0$ 便意味著整數集合

$$\{0，1，-1，2，-2，3，-3，\cdots\cdots\}$$

的基數等於 $\aleph_0$，這是大家早已知道的！

　　至此，我想讀者已經領略到「阿列夫零」王國領地的遼闊。縱然我們採用了加法和乘法的方法，也沒能超越出 $\aleph_0$ 的管轄範圍。這讓人想起《西遊記》中那個神通廣大的孫行者，他一個筋斗雖能翻出十萬八千里，但卻依然沒能翻出如來佛的掌心。這個如來佛的手掌，便宛如我們今天的 $\aleph_0$！看來，要跳出 $\aleph_0$ 的圈子，必須找到比乘法更為有效的運算才行。

　　以下是一道明顯的錯題，它可以幫助人們弄清楚有限算術和無限算術的界限。

　　有人做了以下推理：

　　因為 $2\aleph_0 = \aleph_0$

　　所以 $2 = \aleph_0 / \aleph_0 = 1$

　　親愛的讀者，你知道錯在哪裡嗎？

　　為了讓讀者一睹 $\aleph_0$ 在應用上的風采，我們介紹一個數學史上的重大發現。

　　1851 年，法國數學家約瑟夫・劉維爾（Joseph Liouville，1809～1882）首次證明了「超越數」的存在。

　　什麼是「超越數」？如果一個實數，滿足形如

$$a_n x^n + a_{n-1}x^{n-1} + \cdots\cdots + a_2 x^2 + a_1 x_1 + a_0 = 0$$

的整係數代數方程式（$a_n \neq 0$）。那麼，這個實數就叫「代數數」。實數中除代數數之外，其餘的數都是超越數。代

數數範圍很廣，像 $\frac{3}{5}$，$\sqrt[3]{7}$，$\sqrt{2+\sqrt{2}}$，……都是代數數。被人類知道的第一個超越數是劉維爾找到的，後來就叫劉維爾數。它是一個無限小數，其中的 1 分布在小數後第 1，2，6，24，120，720，5,040 等處：

$$L = 0.1100010000000000000000001000\cdots\cdots$$

劉維爾的論證是艱難的。不過，在 170 年後的今天，應用神奇的無限大算術，人們可以相當輕鬆地證明超越數的存在！事實上，在整係數代數方程式

$$a_n x^n + a_{n-1} x^{n-1} + \cdots\cdots + a_1 x + a_0 = 0 \ (a_n \neq 0)$$

中，$(n+1)$ 個係數都只能取整數值，因此這樣方程式集合的基數應當為

$$\aleph_0^{n+1} \quad (n = 1, 2, 3, \cdots)$$

而對於全部的整係數代數方程式，其集合的基數應當為

$$\aleph_0 + \aleph_0^2 + \aleph_0^3 + \cdots + \aleph_0^{n+1} + \cdots$$
$$= \aleph_0 + \aleph_0 + \aleph_0 + \cdots + \aleph_0 + \cdots$$
$$= \aleph_0 \times \aleph_0 = \aleph_0$$

另一方面，每個 n 次方程式最多只能有 n 個根。因而代數數的基數應當不大於

$$\aleph_0 \times \aleph_0 = \aleph_0$$

也就是說，代數數是可數的！

在「九、青出於藍的阿列夫家族」中，我們將會看到，實數集是不可數的。這顯示實數中除代數數外，必有許多非代數數的存在。這就是超越數存在性的證明！倘若劉維爾能夠有幸活到今天，他定然會為如此簡單而巧妙的證明感慨萬千的！

超越數雖然有很多，但具體的超越性判定卻很難！在學校最常見的兩個超越數是自然對數的底 e 和圓周率 π：

$$e = 2.71828182\cdots\cdots$$
$$\pi = 3.14159265\cdots\cdots$$

它們的超越性是由法國數學家埃爾米特（Charles Hermit，1822～1901）和德國數學家林德曼（Ferdinand Lindemann，1852～1939），分別於 1873 年和 1882 年證明的！

九、

青出於藍的阿列夫家族

在〈七、康托教授的功績〉中我們曾經說過,倘若所有的無限集只有一個基數,那麼康托的理論也就無足輕重了!

實際上,比 $\aleph_0$ 更大的基數是存在的。不過,想跳出 $\aleph_0$ 的圈子,光靠加法和乘法是遠遠不夠的!我們還必須找到比加法和乘法更「神通廣大」的方法。

想必讀者在學習代數時都有體會,乘方運算要比加法和乘法運算有力得多,請看下例:

$$2^1 = 2$$
$$2^2 = 2 \times 2 = 4$$
$$2^3 = 2 \times 2 \times 2 = 8$$
$$2^4 = 2 \times 2 \times 2 \times 2 = 16$$

當 n 增大時,2^n 迅速增大。2^{10} 剛超過 $1,000$,而 2^{20} 已經踰越百萬。這是加法、乘法運算所望塵莫及的。看來,利用乘方運算或許能幫助我們擺脫 $\aleph_0$ 鎖鏈的禁錮!

不過,在集合中,這種乘方是什麼含義呢?

還是讓我們先看看有限的情形吧!大家知道,一個單元素的集合,其子集共有 2 個,即空集 $\varnothing$ 和其本身;一個雙元素的集合,其子集有 4 個,即 2^2 個;而一個有 3 個元素的集合 $\{a,b,c\}$,它的全部子集可以求得,共有 $8 = 2^3$ 個,列式如下:

$$\begin{cases} \varnothing \\ \{a\}, \{b\}, \{c\} \\ \{a,b\}, \{b,c\}, \{a,c\} \\ \{a,b,c\} \end{cases}$$

那麼，一個具有 n 個元素的集合

$$P = \{a_1 , a_2 , a_3 , \cdots\cdots , a_n\}$$

它的全部子集是否有 2^n 個呢？我們說：是的！事實上，可以這樣來構造 P 的子集：

元素 a_1 要麼取，要麼不取；

元素 a_2 要麼取，要麼不取；

元素 a_3 要麼取，要麼不取；

⋮

元素 a_n 要麼取，要麼不取。

由於每個元素都有「取」與「不取」兩種可能，因此它們之間共有 2^n 種不同的組合。每種元素的組合都構成一個子集，所以集合 P 共有 2^n 個子集。以這 2^n 個子集為元素的大集合，我們稱為集合 P 的冪集。顯然，如果集合 P 的基數為有限數 n，則冪集的基數為 2^n。

現在我們把冪集的概念推廣到無限集中去，把無限集的全體子集構成的集合也稱為冪集。假定某無限集的基數為 $\aleph_0$，那麼它的冪集的基數也可以寫為 $2^{\aleph_0}$ 形式。問題在於 $2^{\aleph_0}$ 等於多少？它會比 $\aleph_0$ 更大嗎？

1874 年，康托論證了冪集的無窮大級數大於原集的無窮大級數。特別地，我們有

$$2^{\aleph_0} > \aleph_0$$

好！康托教授終於使我們跳出了 $\aleph_0$ 的圈子。以下讓我們再欣賞一下他巧妙的證明思路。

首先，康托提出反設 $2^{\aleph_0} = \aleph_0$。這顯示集合 {1，2，3，……} 的子集個數和該集合的元素個數正好一樣多。下面我們證明，從這個反設出發，將會引出矛盾。

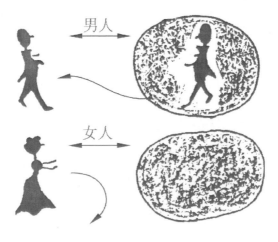

男人

女人

為了避免枯燥無味的敘述，使論證顯得更有生機一點，我們假設集合 {1，2，3，……} 的元素是一個個活生生的人，而它的子集則是一組組人群。在人與人群之間，已經建立了一一對應的關係。也就是說，每個人都對應著一組人群，而每組人群也都對應著一個確定的人。

　　現在我們再做一些有趣的規定：如果一個人恰好在他所對應的人群中間，這樣的人我們稱為「男人」，如果一個人不在他所對應的人群中間，這樣的人我們就稱為「女人」。顯然，不管是哪一個人，要麼是「男人」，要麼是「女人」，二者必居其一！

　　容易明白，所有的女人也組成一個人群。這個「女人」群自然也應當有一個人與其對應。現在我們要問，這個與「女人」群對應的人，本身是「男人」呢？還是「女人」？

　　這個有趣問題的答案，可能會使你感到很驚訝！

　　首先，這個與「女人」群對應的人，絕不可能是「男人」。因為如果是「男人」，必須在所對應的人群之中。但所對應的人群，其中全是「女人」，怎麼會有一個「男人」呢？

　　其次，這個與「女人」群對應的人，也不可能是「女人」。因為根據定義，「女人」必須不在她所對應的人群之中。但「女人」群中包含著所有的「女人」，那個與其對應

的「女人」，自然也不例外。所以此人也絕非「女人」！

可是，我們前面說過，每個人非男即女。但到頭來，竟然出現了「不男不女」的人！那麼問題出在哪裡呢？原來就出在假設「人與人群一樣多」這句論斷上！這意味著，反設 $2^{\aleph_0} = \aleph_0$ 是錯誤的。由於 $2^{2\aleph_0}$ 不可能小於 $\aleph_0$，因此有 $2^{\aleph_0} > \aleph_0$。

這樣一來，我們得到了一個比 $\aleph_0$ 更大的數 $2^{\aleph_0}$，康托把它記為 $\aleph_1$。利用求冪集的方法，我們又可以得到比 $\aleph_1$ 更大的超限基數 $\aleph_2$，$\aleph_3$，以此類推：

$$\aleph_2 = 2^{\aleph_1} = 2^{2^{\aleph_0}}$$

$$\aleph_3 = 2^{\aleph_2} = 2^{2^{\aleph_1}} = 2^{2^{2^{\aleph_0}}}$$

就這樣，康托找到了一個「青出於藍而勝於藍」的無窮大家族：

$$\aleph_0, \aleph_1, \aleph_2, \aleph_3, \aleph_4, \cdots$$

阿列夫家族的第一代 $\aleph_0$，便是大家熟知的可數集基數，阿列夫家族的第二代 $\aleph_1$ 表示什麼呢？讀者很快便會看到，$\aleph_1$ 等於全體實數的數目。

任何一個實數都可以寫成二進位制數。反之，任何一個

二進位制數都表示一個實數。特別地，一個二進位制小數，
表示 ［0，1］ 區間內的一個數。例如：

$$0.1101001\cdots$$

$$= \frac{1}{2} + \frac{1}{2^2} + 0 + \frac{1}{2^4} + 0 + 0 + \frac{1}{2^7} + \cdots$$

$$= 0.5 + 0.25 + 0.0625 + 0.007\ 812\ 5 + \cdots$$

$$= 0.082\cdots$$

很明顯，在可數集

$$Q = \{a_1，a_2，a_3，\cdots\cdots\}$$

的子集和二進位制小數之間，我們能夠建立起一一對應
的關係。方法是，如果某子集包含 Q 中的某個元素，則在與
該元素對應的小數位上寫1，否則寫0。如 Q 的子集

$$\{a_1，a_3，a_4，a_8，a_{10}，\cdots\cdots\}$$

則與其對應的二進位制小數為

$$0.1011000101\cdots\cdots$$

反過來，任一個二進位制小數也對應著一個確定的 Q 的
子集。如 $0.1101001\cdots\cdots$ 對應著 Q 的子集

$$\{a_1 , a_2 , a_4 , a_7 , \cdots \cdots\}$$

以上顯示，Q 的所有子集與二進位制小數有相同的數目。這個結論，換成另一種表述，即 $[0，1]$ 線段上點的數目有 $2^{\aleph_0} = \aleph_1$ 個。

不過，必須指出，到目前為止，人們也只找到前 3 個無窮大的現實表示。除 $\aleph_0$ 表示所有的整數和分數的數目之外，$\aleph_1$ 表示線、面、體上所有幾何點的數目，$\aleph_2$ 表示所有曲線的數目。比 $\aleph_2$ 更大的無窮大，雖然極盡人類的智慧和想像，但到今天為止，也沒有人能夠說出一個眉目來！圖 9.1 表示的是無窮大數的前三級。

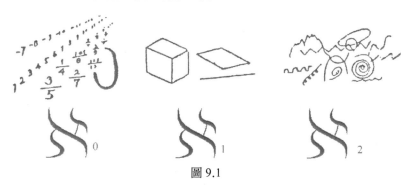

圖 9.1

十、

令人困惑的「連續統」之謎

讀者在〈九、青出於藍的阿列夫家族〉一節已經看到，比可數個無窮大更大的無窮大不僅存在，而且還有整整一個「家族」。它們個個青出於藍，一個大過一個！在那裡，我們還證明了區間 $[0，1]$ 上的實數是不可數的，它的無窮大級數為 $2^{\aleph_0} = \aleph_1$。這一節我們將從不同的角度，重新證實這個結論。當我們完成這項工作時，將會驚訝地發現，所得的結果已經遠遠超越「殊途同歸」的含義。

新的證明依然從反設開始。假定區間 $\Delta = [0，1]$ 上的點是可數的，它們已照某種規則排成一列：

$$\alpha_1，\alpha_2，\cdots\cdots，\alpha_n，\cdots\cdots$$

把 Δ 分為相等的三部分：$\left[0，\frac{1}{3}\right]、\left[\frac{1}{3}，\frac{2}{3}\right]、\left[\frac{2}{3}，1\right]$。顯然，這三部分中至少有一部分不含 α_1 點。我們選定一個不含 α_1 點的部分，記為 Δ_1。接下來，我們又把 Δ_1 分成 3 個小部分，又取其中不含 α_2 的一小部分，記為 Δ_2，以此類推，這樣的過程可以無限地延續下去，結果得出一串一個套著一個，且越來越小的區間序列

$$\Delta \supset \Delta_1 \supset \Delta_2 \supset \Delta_3 \supset \cdots\cdots$$

上述的區間序列最終套縮為區間 $[0，1]$ 上的某個確定

點 ξ。這一點 ξ 自然應當是集合 $\{\alpha_n\}$ 的一個元素，不妨令 ξ $= \alpha_K$，如圖 10.1 所示。

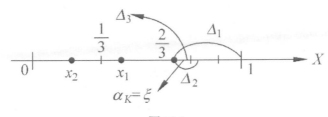

圖 10.1

這樣，一方面根據 Δ_n 的選取得知 $\alpha_K \notin \Delta_K$；另一方面由區間套的性質又有 $\alpha_K = \xi \in \Delta_K$。上述矛盾顯示，假設區間 [0，1] 上的點「可數」是錯誤的。這便是實數集不可數的又一種證明！

我們還可以透過以下的方法，使上述證明變得更為直觀。令

$$\alpha_1 = 0.245087\cdots\cdots$$
$$\alpha_2 = 0.307762\cdots\cdots$$
$$\alpha_3 = 0.955451\cdots\cdots$$
$$\alpha_4 = 0.107078\cdots\cdots$$
$$\alpha_5 = 0.202169\cdots\cdots$$
$$\alpha_6 = 0.893321\cdots\cdots$$
$$\cdots\cdots$$

現構造一個小數 ξ，使 ξ 相應數位上的數字，恰與上面式子中對角線上的黑體數字構成以下關係：凡黑體數字非零，則 ξ 相應數位上的數字為 0；凡黑體數字為零，則 ξ 相應數位上的數字為 1。即

$$0.\ \mathbf{2}\ \mathbf{0}\ \mathbf{5}\quad \mathbf{0}\ \mathbf{6}\ \mathbf{1}\ \cdots$$

$$\downarrow\ \downarrow\ \downarrow\quad \downarrow\ \downarrow\ \downarrow$$

$$0.\ 0\ 1\ 0\quad 1\ 0\ 0\ \cdots$$

從而 $\xi = 0.010100\cdots\cdots$

顯然，數 ξ 不可能等同於 $\{a_n\}$ 中的任何一個。事實上，ξ 與 a_K 之間至少小數點後第 K 位數字是不相同的。你非 0，我則 0；你為 0，我則 1。

由於 $\{a_n\}$ 包含了 $[0，1]$ 間的任一實數，從而有

$$\xi \in [a_n]$$

這與前面的結論明顯矛盾，從而證得 $[0，1]$ 上實數「可數」的反設是錯誤的！這是實數不可數的另一種證明。

由於 $[0，1]$ 上的實數代表著連續的點，因此歷史上常用記號 C 表示這種無窮大的基數，稱為連續統基數。這裡 C 是「連續統」英語單字的第一個字母。

可能聰明的讀者已經看出，連續統基數 C 實際上就是 $\aleph_1$！為什麼我們從幾種不同的思路出發，得到的結果總是從 $\aleph_0$ 跳到它冪集的基數 $2^{\aleph_0} = \aleph_1$ 呢？是否存在一個這樣的無窮大級數，它介於 $\aleph_0$ 與 $\aleph_1$ 之間呢？或者說，是否存在一個集，它的基數比自然數的無限大更大，而比直線上點的數目的無限大要小呢？這是一個令人深思的問題。

1878 年，康托提出了這樣的猜想，即在 $\aleph_0$ 與 $\aleph_1$ 之間，不存在其他的基數。但當時康托本人對此無法予以證實。這個問題後來變得非常著名，它就是所謂的「連續統問題」。

古往今來，大概再沒有第二個數學問題的提出，只需極少的知識，而它的解決卻困難無比！數學家們在經歷了近 25 年的徒勞之後，開始對這個貌似簡單的問題另眼相看了！

1900 年，在巴黎召開的第二次國際數學家會議上，德國哥廷根大學教授大衛·希爾伯特提出了舉世聞名的 23 個 20 世紀需要攻克的數學問題。其中，關於連續統的假設，顯赫地排在第一位！

連續統問題前前後後大約困惑了人類 1 個世紀。這 1 個世紀的風霜歲月，幾多奮鬥又幾多艱辛，自有數學史學家去細細評說。在這裡要告訴讀者的是，這個問題的最終結果是完全出人意料的！

1938 年，奧地利數學家庫爾特·哥德爾（Kurt Gödel，

1906 ～ 1978）證明了「連續統假設絕不會引出矛盾」。這並不只是說，至今為止人們還無法指出連續統假設的錯誤，而是說人類根本不可能找出連續統假設有什麼錯誤！

　　哥德爾引起的震動，整整持續了 25 年。就在這種激動尚未完全平息之際，1963 年，美國數學家保羅·寇恩（Paul Cohen，1934 ～ 2007）又證明了另一個更加驚人的結論 —— 連續統假設是獨立的。這不只是說，至今為止，人們還沒有證明出連續統假設，而是說連續統假設根本不可能被證明！

　　100 年的歷史，用最簡潔的方式描述，就是：

　　「在 $\aleph_0$ 與 $\aleph_1$ 之間是否存在另一個基數？」康托問。

　　「不知道！」哥德爾和寇恩回答。

　　不知道！這也是人類對這個歷史難題的最終解答！

十一、

從「蜻蜓咬尾」到「兩頭蛇數」

在小數點後的數字上方加上小橫線（有些國家、地區是加上小圓點），表示循環小數，這只是近幾個世紀的事。

在古埃及，數字上方加小圓點表示單位分數。如 $\dot{3}$ 即表示 $\frac{1}{3}$，$\dot{7}$ 即表示 $\frac{1}{7}$……等等。曾有一個時期，這種記號及運算，是古埃及數學最為光輝的成就之一。從西元前 1850 年的紙草文書中，我們可以看到當時埃及僧侶寫下的紀錄。在那裡，所有的分數都表示成單位分數或它們和的形式，如

$$\frac{2}{5} = (\dot{3} + \dot{1}\dot{5}) \,; \qquad \frac{2}{7} = (\dot{4} + \dot{2}\dot{8})$$

至於如何把普通分數拆成單位分數，這當然是一種技巧，但古埃及的數學家更多的是像背乘法表那樣背熟它！

古埃及人的分數運算是奇特而有趣的，它充分表現了那時人類的聰明和才智。以下是一個簡單的例子。

$$\frac{5}{7} + \frac{4}{21} = (\dot{7} + \dot{2} + \dot{1}\dot{4}) + (\dot{7} + \dot{2}\dot{1})$$

$$= (\dot{7} + \dot{7}) + (\dot{2} + \dot{1}\dot{4} + \dot{2}\dot{1})$$

$$= (\dot{4} + \dot{2}\dot{8} + \dot{2} + \dot{1}\dot{4} + \dot{2}\dot{1})$$

然而在古印度，同樣的記號卻代表著全然不同的含義！在那裡，$\dot{3}$ 表示 - 3，$\dot{1}\dot{5}$ 表示 - 15……等等。以下的算式

$$\dot{3} + \dot{1}\dot{5} = \dot{1}\dot{8}$$

即表示

$$(-3) + (-15) = (-18)$$

今天，幾乎全世界都採用同樣的記號，即

$$0.\overline{16} = 0.161\ 616\ 16\cdots$$

$$1.4\overline{3} = 1.433\ 333\ 33\cdots$$

大概所有學生都知道，任何一個分數都能化成小數。分數化成的小數，要麼是有限的，要麼是無限循環的。用長除法便能得到需要的答案。反過來，一個循環小數一定可以化為有理分數，如：

$$0.\overline{16} = 0.16 + 0.0016 + 0.000\ 016 + \cdots$$

$$= \frac{0.16}{1 - 0.01} = \frac{16}{99}$$

$$1.4\dot{3} = 1.4 + 0.03 + 0.003 + 0.0003 + \cdots$$

$$= \frac{14}{10} + \frac{0.03}{1 - 0.1}$$

$$= \frac{14}{10} + \frac{3}{90} = \frac{43}{30}$$

不過，我們還有更為巧妙的計算方法：

令 $x = 0.\dot{1}\dot{6}$

則 $100x = 16.\dot{1}\dot{6}$

即 $100x = 16 + x$

所以 $x = \frac{16}{99}$

「$0.\dot{9} = 1$ 嗎？」，這個問題往往引起初學者的疑慮。他們覺得明明前面的數比 1 小，怎麼可能等於 1 呢？其實，在他們的腦中，是用有限數

$$a_n = 0.\underbrace{9999\cdots99}_{(n\text{個}9)}$$

去跟 1 作比較。殊不知，當 n 趨於無限時，有

$$\lim_{n \to \infty} a_n = 1$$

有些循環小數具有奇妙的特性，如

094

$$\frac{1}{7} = 0.\overset{\frown}{\dot{1}42\ 85\dot{7}}$$

循環節 142857 是個很有趣的數。當把後面的數字依次調到前面時，所得的數恰是原來的倍數：

$$714285 = 142857 \times 55$$
$$71428 = 142857 \times 48$$
$$57142 = 142857 \times 6$$
$$285714 = 142857 \times 2$$
$$428571 = 142857 \times 3$$

其中，最後一道算式為某屆中學生數學競賽題的答案。原題為：「設有 6 位數 1abcde，乘以 3 後，變成 abcde1，求這個數。」

由於上題中的位數是確定的，所以可以用代數的方法進行求解。令

$$x = \overline{abcde}$$

則依題意

$$(10^5 + x) \cdot 3 = 10x + 1$$

解得 $x = 42857$

不過，倘若所求數的位數不知道，就有些困難了。這類問題在數學遊戲中稱為「蜻蜓咬尾」。下面便是一道「蜻蜓咬尾」題：一個多位數，最高位是 7，要把頭上這個 7 剪下來，接到這個數的尾巴，使得到的新數是原數的 1 / 7。

$$abc\cdots\cdots st7$$

$$\underline{\times\qquad\qquad 7}$$

$$7abc\cdots st$$

這道題可以用「螞蟻啃骨頭」的方法，從上式步步推算出結果，所得是一個長達 22 位的數字

$$7,101,449,275,362,318,840,579$$

循環小數最為神奇的性質是，分母是質數的分數，若具有偶數循環節，則其相隔半個循環節長度上的兩個數字之和為 9。下面的例子可以清楚地看到這一點：

$$\frac{1}{7} = 0.\overset{\displaystyle\frown}{\dot{1}42\ 85\dot{7}}$$

$$\frac{1}{13} = 0.\overset{\displaystyle\frown}{\dot{0}76\ 92\dot{3}}$$

$$\frac{1}{17} = 0.\overset{\displaystyle\frown}{\dot{0}58\ 823\ 529\ 411\ 764\ \dot{7}};$$

$$\frac{1}{19} = 0.\overset{\displaystyle\frown}{\dot{0}52\ 631\ 578\ 947\ 368\ 42\dot{1}}$$

$$\begin{array}{r} 142 \\ +\ 875 \\ \hline 999 \end{array}; \qquad \begin{array}{r} 076 \\ +\ 923 \\ \hline 999 \end{array}$$

$$\begin{array}{r} 05\ 882\ 352 \\ +\ 94\ 117\ 647 \\ \hline 99\ 999\ 999 \end{array}; \qquad \begin{array}{r} 052\ 631\ 578 \\ +\ 947\ 368\ 421 \\ \hline 999\ 999\ 999 \end{array}$$

　　要說道理並不難。假定 p 為質數，$\dfrac{n}{p}$ 的循環節長為 $2s$，前半循環節為 A，後半循環節為 B。於是

$$\frac{n}{p} = 0.\,ABABAB\cdots$$

$$= \frac{\dfrac{A}{10^s} + \dfrac{B}{10^{2s}}}{1 - \dfrac{1}{10^{2s}}} = \frac{A \cdot 10^s + B}{(10^s + 1)(10^s - 1)}$$

很明顯，$10^s - 1$ 不能被 p 整除，因為如若不然有

$$10^s - 1 = kp$$

則

$$\frac{n}{p} = \frac{kn}{10^s - 1} = \frac{kn}{10^s}\left(1 + \frac{1}{10^s} + \frac{1}{10^{2s}} + \cdots\right)$$

其循環節長只有 s，這與原本的假定矛盾。這樣，由前面式子知道，p 既不能整除 $10^s - 1$，則必整除 $10^s + 1$。

$$\frac{n}{p} \cdot (10^s + 1) = \frac{A(10^s - 1) + A + B}{(10^s - 1)} = A + \frac{A + B}{(10^s - 1)}$$

上式左端顯然是整數，從而右端也必須是整數。再注意到 A、B 都不大於 $10^s - 1$，從而只能

$$A + B = 10^s - 1 = \underbrace{999\cdots9}_{s\text{個}9}$$

以下我們再看一個極為有趣的問題。這個問題有一個讓人毛骨悚然的名字——兩頭蛇數，它刊載於頗負盛名的《美國遊戲數學雜誌》。問題是這樣的：

在一個自然數 N 的首尾各添一個 1，使它形成一個兩頭為 1 的「兩頭蛇數」。若此數正好是原數 N 的 99 倍，求數 N。

這個問題刊出後，激起人們的濃厚興趣。有人利用關係式 $100N-N = 99N$，令

$$N = abc\cdots st$$

列出豎式

$$\begin{array}{r} abc\cdots st\,00 \\ -\quad abc\cdots st \\ \hline 1abc\cdots st\,1 \end{array}$$

然後像「蜻蜓咬尾」那樣，逐步推算出

$$N = 112,359,550,561,797,752,809$$

後來又有人發現，把數

$M = $ 11,235,955,056,179,775,280,898,876,404,494,382,022,471,910 新增在 N 的前面，形成

$$N，MN，MMN，MMMN，\cdots\cdots MMN，\cdots\cdots$$

都是「兩頭蛇數」!

「兩頭蛇數」問題,後來據說由日本的西山輝夫做了乾淨俐落的解答。又傳聞西山的解法驚動了西方的遊戲數學界!不過說實話,如果讀者了解循環小數的特性,那麼求出「兩頭蛇數」,完全不像想像的那麼困難!

事實上,依題意有

$$10^n + {}^1 + 10N + 1 = 99N$$

所以 $N = \frac{1}{89}(10^{n+1} + 1)$

問題的關鍵在於尋找形如 $10^{n+1} + 1$,且能被 89 整除的數。假設 $\frac{1}{89}$ 的前半循環節為 A,後半循環節為 B,則

因為 $\frac{1}{89} = 0.ABABAB\cdots\cdots$

$$\frac{1}{89} \times 10^s = A.BABABA\cdots\cdots$$

所以

$$\frac{1}{89}(10^s + 1) = A + 0.\overline{A+B}\,\overline{A+B}\,\overline{A+B}\,\cdots$$

$$= A + 0.99\cdots999\cdots999\cdots9\cdots$$

從而 $N = A + 1$

這就是「兩頭蛇數」的一個答案!

十二、

費波那契數列的奇妙性質

　　大概很少有人在欣賞一株枝葉茂盛、婀娜多姿的樹木時，會關心到枝椏的分布，但生物學家和數學家們注意到了這一點。由於新生的枝條往往需要一段「休息」時間，供自身生長，而後才能萌發新枝。所以他們設想：一株樹苗在一年以後長出 1 條新枝；第 2 年新枝休息，老枝依舊萌發；此後，老枝與休息過一年的枝同時萌發，當年生的新枝則次年休息。這個規律在生物學上被稱為「魯德維格定律」。

　　如圖 12.1 所示，根據魯德維格定律，一棵樹木各個年分的枝椏數，依次為以下這個列數：

　　　　（1），1，2，3，5，8，13，21，34，……

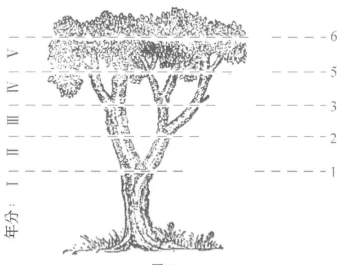

圖 12.1

上面的數列流傳已久。1202 年，商人出身的義大利數學家費波那契（Leonardo Fibonacci，1170 ～ 1250），完成了一部偉大的論著《計算之書》（*Liber Abaci*）。這部中世紀的名著，把當時發達的阿拉伯和印度的數學方法，經過整理和發展之後，介紹到了歐洲。

　　在費波那契的書中，曾提出以下有趣的問題。

　　假定一對剛出生的小兔，一個月後就能長成大兔；再過一個月，便能生下一對小兔，且此後每個月都生一對小兔。一年內沒有發生死亡。問一對剛出生的兔子，一年內繁殖成多少對兔子？如圖 12.2 所示。

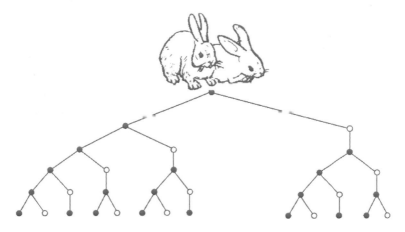

圖 12.2

逐月推算，我們可以得到前面提過的數列

1，1，2，3，5，8，13，21，34，55，89，144，233

這個數列後來便以費波那契的名字命名。數列中的每一項稱為「費波那契數」。第 13 位的費波那契數，即為一對剛出生的小兔一年內所能繁殖成的兔子的對數，這個數字為 233。

從費波那契數的構造可明顯看出，費波那契數列從第 3 項起，每項都等於前面兩項的和。假定第 n 項費波那契數為 u_n，於是我們有

$$\begin{cases} u_1 = u_2 = 1 \\ u_{n+1} = u_n + u_{n-1} \end{cases} \quad (n \geqslant 2)$$

透過以上的遞迴關係式，可以算出任何的 u_n。不過，當 n 很大時，遞推是很費事的，我們必須找到更為科學的計算方法！為此，我們先觀察以下較為簡單的例子。

在〈二、大數的奧林匹克〉一節，我們講過一個關於「梵天預言」的故事。如圖 12.3 所示，現在假定照「梵天不渝」的法則，完成 n 片金片的搬動，要進行 u_n 次動作。那麼，要完成 $n+1$ 片金片的搬動，可以透過以下的途徑達成：先把左針上的 n 片金片，透過 u_n 次動作搬到中間針；再把左

針上的第n＋1片金片搬到右針上去；最後再透過u_n次動作，把中間針上的n片金片搬到右針上去。這樣，實際上已將n＋1片金片從左針搬到右針，從而上述的動作總數等於u_{n+1}。也就是說，我們有

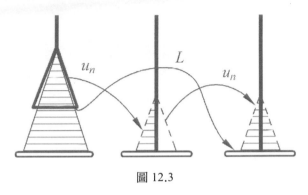

圖 12.3

$$\begin{cases} u_1 = 1 \\ u_{n+1} = 2u_n + 1 \end{cases} \quad (n \geqslant 1)$$

下面我們透過上述遞迴關係來直接推導u_n。

注意到$u_{n+1} + 1 = 2(u_n + 1)$

令$v_n = u_n + 1$

則

$$\begin{cases} u_1 = 1 \\ u_{n+1} = 2u_n + 1 \end{cases} \quad (n \geqslant 1)$$

數列 $\{v_n\}$ 是一個首項為 2，公比也為 2 的等比數列。易知

$$v_n = 2 \cdot 2^{n-1} = 2^n$$

從而 $u_n = v_n - 1 = 2^n - 1$

由此可知，梵天要求搬完 64 片金片需要做的動作為（2^{64}-1）次。如果完成每個動作需要 1 秒的話，則搬完所有金片，需大約 5,800 億年！這個數字大大超過了整個太陽系存在的時間，所以梵天的預言真可謂「不幸而言中」！不過，我們完全不必杞人憂天，整個人類的文明社會至今也不過幾千年，人類還遠遠沒有到達需要考量這個問題的時候！

現在我們回到費波那契數列上來。受「梵天預言」例子的啟發，我們試圖從等比數列

$$1 , q , q^2 , q^3 , \cdots\cdots , q^{n-1} , \cdots\cdots$$

中尋求滿足遞迴關係 $u_{n+1} = u_n + u_{n-1}$ 的答案。

令 $q^n = q^{n-1} + q^{n-2}$（$n \geq 2$）

因 $q \neq 0$，解得

$$q_1 = \frac{1+\sqrt{5}}{2}, \quad q_2 = \frac{1-\sqrt{5}}{2}$$

現令

$$
\begin{cases}
u_n = \alpha q_1^{n-1} + \beta q_2^{n-1} \\
u_1 = u_2 = 1
\end{cases}
$$

立知

$$
\begin{cases}
\alpha + \beta = 1 \\
\alpha \left(\dfrac{1+\sqrt{5}}{2} \right) + \beta \left(\dfrac{1-\sqrt{5}}{2} \right) = 1
\end{cases}
$$

解得

$$
\begin{cases}
\alpha = \dfrac{1}{\sqrt{5}} \left(\dfrac{1+\sqrt{5}}{2} \right) \\
\beta = -\dfrac{1}{\sqrt{5}} \left(\dfrac{1-\sqrt{5}}{2} \right)
\end{cases}
$$

從而

$$
u_n = \frac{1}{\sqrt{5}} \left(\left(\frac{1+\sqrt{5}}{2} \right)^n - \left(\frac{1-\sqrt{5}}{2} \right)^n \right)
$$

以上公式是法國數學家比內（Philippe Binet，1786～1856）首先證明的，通稱比內公式。令人驚奇的是，比內公式中的 u_n 是以無理數的冪表示的，然而它所得的結果卻完全

是整數。不信,讀者可以找幾個 n 的值代進去試試看!

費波那契數列有許多奇妙的性質,其中有一個性質是

$$u_n^2 - u_{n+1} \cdot u_{n-1} = (-1)^{n+1} \quad (n > 1)$$

其實,讀者只需看看下式便會明白:

$$u_n^2 - u_{n+1} \cdot u_{n-1} = u_n^2 - (u_n + u_{n-1}) \cdot u_{n-1}$$

$$= -u_{n-1}^2 + u_n^2 - u_n \cdot u_{n-1}$$

$$= -\left[u_{n-1}^2 - u_n (u_n - u_{n-1}) \right]$$

$$= -\left[u_{n-1}^2 - u_n \cdot u_{n-2} \right]$$

$$= \cdots\cdots$$

$$= (-1)^n (u_2^2 - u_3 \cdot u_1)$$

$$= (-1)^{n+1}$$

費波那契數列的上述性質,常被用來構造一些極為有趣的智力遊戲。美國《科學人》(*Scientific American*)雜誌就曾刊載過一則故事:

一位魔術師拿著一塊邊長為 13 英尺 [001] 的正方形地毯,對他的地毯匠朋友說:「請您把這塊地毯分成 4 小塊,再把

---

[001]　1 英尺 = 0.3048 公尺。

它們縫成一塊長 21 英尺、寬 8 英尺的長方形地毯。」這位地毯匠對魔術師的算術之差深感震驚。因為兩者之間面積相差達 1 平方英尺呢！可是魔術師竟要地毯匠用圖 12.4 和圖 12.5 的方法，達到了他的目的！這真是不可思議！親愛的讀者，你猜猜那神奇的 1 平方英尺跑到哪裡去了呢？

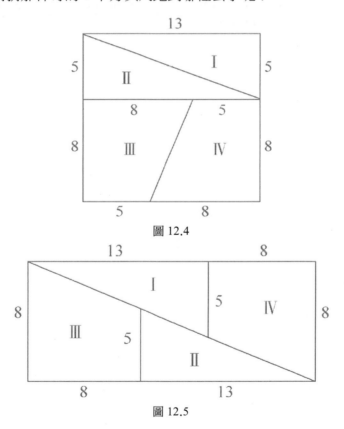

圖 12.4

圖 12.5

需要告訴讀者的是，類似的智力問題還可以構造出很多，只要把上題中的長方形邊長和正方形邊長，換成連續的 3 個費波那契數就行！道理就是前面提到過的那個式子。

有關費波那契數列的趣味問題實在不少，以下「蜜蜂爬格」的遊戲，便是一道難得的妙題：

蜜蜂從圖 12.6 所示蜂房的第 0 號位置，爬向第 10 號位置。規定只能從序號小的往序號大的爬。問共有多少種爬行路線？

可不要小看這道題，它好難呢！大概需要費你不少腦筋。有興趣的讀者不妨試試看！

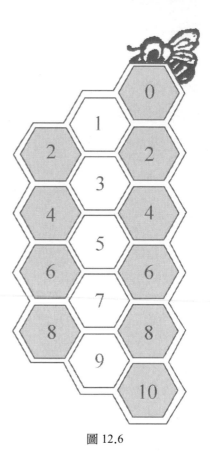

圖 12.6

十三、

幾何學的寶藏

　　西元前 5 世紀的古希臘數學家畢達哥拉斯（Pythagoras，西元前 580 ？～前 500 ？）有一句至理名言：「凡是美的東西都具有共同的特性，這就是部分與部分及部分與整體之間的協調一致。」

　　今天，當一尊愛神維納斯的塑像置於人們的眼前，大概沒有人不會為她那誘人的魅力所傾倒！

　　天工造物，常常展現出一種美的旋律。那蜿蜒的群山，清清的流水，迷人的景緻，怒放的鮮花，皆是大自然的賜予，無不令人心曠神怡，心馳神往！

　　那麼，「美的密碼」是什麼？兩千多年來，人類在探索美的藝術的同時，也探索著美的奧祕！

　　畫家似乎更加敏銳。實踐使他們意識到，把畫的主體放在畫面的正中央，大概是一種敗筆！圖 13.1 是 16 世紀歐洲文藝復興時期的巨匠、德國畫家杜勒的名作。畫面上只有一雙手，但手的中心位置，卻偏在靠左和靠下 3/5 的地方。

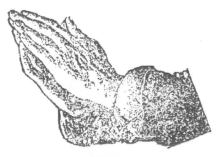

圖 13.1

不僅是畫家，任何一個讀者，憑直覺也能判斷出圖 13.2 中，右邊的圖比左邊的圖更美觀。量一量就知道，右邊的圖，畫的重心大約配置在畫面 0.618 的地方。

　　建築師們也發現，邊長比為 0.618 的矩形，具有特殊的美感。窗戶和房屋採用這樣的矩形結構，將特別令人賞心悅目。

　　18 世紀中葉，德國心理學家費希納曾經做過一次別出心裁的試驗。他召開了一次「矩形展覽會」，會上展出了他精心製作的各種矩形，並要求參觀者投票選擇各自認為最美的矩形。結果表 13.1 所示的 4 個矩形入選。

圖 13.2

表 13.1 入選的 4 個最美矩形

矩形	寬×長	寬與長之比
1	5×8	$5：8 = 0.625$
2	8×13	$8：13 = 0.615$
3	13×21	$13：21 = 0.619$
4	21×34	$21：34 = 0.618$

有趣的是，入選的 4 個矩形的長與寬，正好都是〈十二、費波那契數列的奇妙性質〉中講到的，費波那契數列中相鄰的 2 個數，它們的比都接近於 0.618。

0.618！這一再出現的神祕數字，終於引起人們的關注。數學家們開始探索這個神奇數字的真正含義！「廬山真面目」的揭開，還得從畢達哥拉斯的那句名言說起。

假定 C 是線段 AB 的一個分點。為了使 C 滿足畢達哥拉斯所說的「部分與部分及部分與整體之間的協調一致」，如圖 13.3 所示，顯然必須

$$AB ： AC = AC ： CB$$

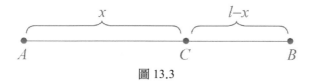

圖 13.3

令 $AB = l$，$AC = x$，則

$$l : x = x : (l - x)$$

$$x^2 + lx - l^2 = 0$$

解得 $x = \dfrac{\sqrt{5}-1}{2}l$ $(x > 0)$

$$\omega = \frac{x}{l} = \frac{\sqrt{5}-1}{2} \approx 0.618$$

看！「美的密碼」終於露面了！

由於「美的密碼」有許多極為寶貴的性質，所以人們稱 0.618 為「黃金比例」；而導致這個比例的分割，便稱為「黃金分割」；C 點則被稱為線段 AB 的「黃金分割點」。一個矩形，如果兩邊具有黃金比例，則稱這樣的矩形為「黃金矩形」。

黃金矩形的性質也很奇特，它是由一個正方形和另一個小黃金矩形組成的。事實上，如圖 13.4 所示，若設大黃金矩形的兩邊 $a : b = \omega$，分出一個正方形後，所餘小矩形的兩邊分別為 $(b - a)$ 和 a，它們的比

$$(b - a) : a = \frac{b}{a} - 1 = \frac{1}{\omega} - 1$$

$$= \frac{1}{\dfrac{\sqrt{5}-1}{2}} - 1 = \frac{\sqrt{5}-1}{2} = \omega$$

這顯示小的矩形也是黃金矩形。

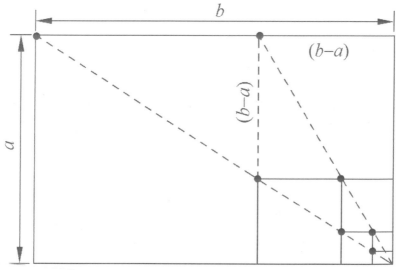

圖 13.4

　　黃金矩形的上述性質，允許我們把一個黃金矩形分解為無限個正方形的和！圖 13.4 顯示了這種分解的過程。有趣的是，這個過程可以用下面的算式表示出來：

$$\omega = \frac{a}{b} = \frac{a}{a+(b-a)}$$

$$= \frac{1}{1+\dfrac{b-a}{a}} = \frac{1}{1+\dfrac{a}{b}}$$

$$= \cfrac{1}{1 + \cfrac{1}{1 + \cfrac{a}{b}}}$$

$$= \cfrac{1}{1 + \cfrac{1}{1 + \cfrac{1}{1 + \cfrac{1}{1 + \cdots}}}}$$

所得的是最為簡單的連分數。

容易看出，圖 13.4 的大矩形中，各正方形的角點形成兩條直線。一條是大矩形的對角線，另一條是小矩形的對角線。這顯示這一系列正方形構成了無窮遞縮等比數列！

「黃金比例」這個美的密碼，一被人類掌握，立即成為服務於人類的法寶。藝術家們應用它創造出更加令人神馳的藝術珍品；設計師們利用它設計出巧奪天工的建築物；科學家們則在科學的海洋盡情地歡奏 0.618 這個美的旋律！

如今，當丰姿綽約的女主持人發表亮相時，她並不站立在舞臺的中央，而是讓自己處在舞臺的黃金分割點。因為這樣的位置，可以留給觀眾一個更加完美的形象！

最令人詫異的是，人體自身的美，也遵循 0.618 的規律！人們測量了愛神維納斯和女神雅典娜的雕像，發現她們

下半身與全身的比都接近 0.618。而據大量的調查數據顯示，現今的女性，腰身以下的高度，平均只占全身的 0.58。因此不少女性穿上高跟鞋，以求提高上述比例，增加美感。芭蕾舞演員則在婆娑起舞時，總是踮起腳尖，以圖展現 0.618 這個美的密碼（圖 13.5）！難怪人們對芭蕾舞藝術如此之動情和欣賞！

圖 13.5

「黃金比例」這個造福人類的數字，誠如 17 世紀德國天文學家約翰尼斯·克卜勒（Johannes Kepler，1571 ～ 1630）所評價的那樣，「是幾何學的一大寶藏」！

十四、

科學的試驗方法

選優是人類賦予科學的永恆課題。大概很少有什麼問題，會比以下古老而有趣的智力遊戲，更能展現選優方案的多樣性：

有 13 個球，外表全然一樣，已知其中有一個質量異於其他的「優球」，試用無砝碼天平秤量比較若干次，找出優球來。

誠然，如果不限比較的次數，找到優球是輕而易舉的！

〔方案甲〕取定一個球，然後把其餘 12 個球逐一與這個球作比較。那麼，最多經過 12 次比較，肯定能夠找出優球。

〔方案乙〕任取 12 個球，分為 6 組，每組兩球。先在組間作比較。透過簡單分析便能知道，用無砝碼天平比較 7 次，是一定能夠找出優球的。

〔方案丙〕任取 12 個球，分為 4 組，每組 3 球。讀者仔細嘗試一番就會知道，只要用無砝碼天平比較 4 次，就能找出優球。不過，這可得動一點腦筋！

以上 3 種選優方案，雖說都能找出優球，但方案本身卻不是最優的！最優的方案只要比較 3 次，便能從 13 個球中找出優球。當然，對於大多數人，這種方法不只巧妙而有趣，而且還相當艱難。

為方便敘述，我們用 A，B，C，……，M 表示 13 個球，並用符號「＝」、「＞」、「＜」，分別表示「平衡」、「重於」、

「輕於」。對已確定為正常的球，我們在它的右上角加上「＊」號。以下便是最優方案：

〔方案丁〕把 13 個球分為 3 組，*ABCD* 一組，*EFGH* 一組，其餘的一組。

表 14.1 列出了用無砝碼天平，比較 3 次、判定優球的過程。

表 14.1 無砝碼天平判定優球的過程

秤量（第1次）	秤量（第2次）	秤量（第3次）	優球
$ABCD > EFGH$ $(I^* J^* K^* L^* M^*)$	$ABCH > DI^* J^* K^*$ $(H^* D^*)$	$A > B$	A
		$A < B$	B
		$A = B$	C
	$ABCH < DI^* J^* K^*$ $(A^* B^* C^*)$	$D > I^*$	D
		—	
		$D = I^*$	H
	$ABCH = DI^* J^* K^*$ $(A^* B^* C^* D^* H^*)$	$E > F$	F
		$E < F$	E
		$E = F$	G
$ABCD = EFGH$ $\left(\begin{array}{l}A^* B^* C^* D^* \\ E^* F^* G^* H^*\end{array}\right)$	$A^* B^* C^* > IJK$ $(L^* M^*)$	$I > J$	J
		$I < J$	I
		$I = J$	K
	$A^* B^* C^* < IJK$ $(L^* M^*)$	$I > J$	I
		$I < J$	J
		$I = J$	K
	$A^* B^* C^* = IJK$ $(I^* J^* K^*)$	$A^* > M$	M
		$A^* < M$	M
		$A^* = M$	L

13 球難題顯示，對於選優的方案，還存在一個方案的選優問題，這便是我們要說的「優選法」。

在日常生活和實踐中，這類情形是常見的。例如削鉛筆，筆心削得太短不行，沒寫幾個字還得再削。從這一點看，筆心削長一點較好。但削得太長，寫起來既不方便又容易斷。那麼，筆心要削多長才合適？這是一個「優選」問題。又如洗衣服，洗衣粉放太少，無法產生去汙作用；放太多，不僅造成浪費，還會影響衣服的使用壽命。究竟洗衣粉要放多少才合適？這也是一個「優選」問題。

用數學語言來說，效果是各因素的函數。而選優問題，可以歸結為求效果函數的優值。但一般情況下，效果函數無法表示成一個式子。如削鉛筆，每人寫字姿勢、用力都不相同，因此多長筆心會斷，也就很難有一個統一的公式。再如 13 球智力題中，哪個球是優球，也根本無法表示成什麼式子。遇到這類情形，效果的優值，只能透過試驗的方法去逐步尋找！

試驗安排的方案無疑是多樣的。最萬無一失的方法是，把試驗區間分成若干相等的部分，然後逐一做試驗，比較後選出最好的結果。這種方案顯然是費時又沒效率的！因為前面試驗帶給人們的寶貴訊息，無法在以後的試驗中被利用。以下這個試驗方案，則明顯地克服了這個弊端！

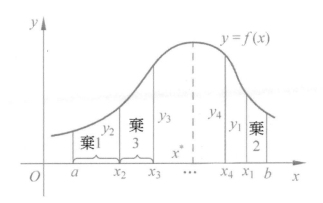

圖 14.1

如圖 14.1 所示，假定 $y = f(x)$ 是區間 $[a，b]$ 上的單峰函數（只有一個峰點的函數），$x_1，x_2 (x_1 > x_2)$ 是 $[a，b]$ 內的兩個試驗點，已試驗求得 $y_1 = f(x_1)$，$y_2 = f(x_2)$。那麼：

（1）若 $y_2 > y_1$，則峰點必在 $[a，x_1]$，故可棄去 $[x_1，b]$；

（2）若 $y_2 < y_1$，則同理可棄去 $[a，x_2]$；

（3）若 $y_2 = y_1$，則可同時棄去 $[a，x_2]$ 和 $[x_1，b]$。

容易看出，最優點（峰點）一定落在餘留區間內。再在餘留區間內取 x_3 點，試驗得 $y_3 = f(x_3)$。經過比較後，又棄去某段區間。然後又在第二次餘留區間內選取 x_4，以此類推，使峰點 x^* 所在區域範圍不斷縮小，因而 x^* 終究會被找到。

　　這個方法的優秀思路無疑是應當被我們吸取的。問題是如何科學地安排試驗點 x_1，x_2，x_3，……，x_n，才能使試驗次數最少，而效果最好？這正是優選法所要回答的。

　　下面我們先探求 n 次試驗的最優方案。

　　假定目標函數在 $[a$，$b]$ 上是單峰的。用 L_k 表示透過 k 次試驗所能處理的最長區間，用 δ 表示預定的精度，也就是我們求得的「優點」跟實際峰點間最大可能的偏離。如圖 14.2 所示，假定在區間 $[a$，$b]$ 內設定了 n 個試驗點。我們觀察各區間 $[a$，$b]$、$[a$，$x_1]$、$[x_1$，$b]$ 中最為理想的長度：

　　顯然，$|ab| = L_n$。由於區間 $[a$，$x_1]$ 內部不含 x_1，所以最多只能含有 $n-1$ 個試驗點，從而 $|ax_1| = L_{n-1}$。又因區間 $[x_1$，$b]$ 內部同時不含 x_1，x_2，從而 $|x_1b| = L_{n-2}$。

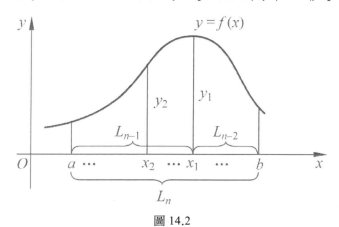

圖 14.2

因為 $|ab| = |ax_1| + |x_1b|$

所以 $L_n = L_{n-1} + L_{n-2}$ $(n \geq 2)$

由此推知，n 次試驗的第 1 個試驗點的分點係數

$$\omega_n = \frac{|ax_1|}{|ab|} = \frac{L_{n-1}}{L_n}$$

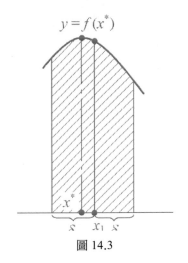

圖 14.3

注意到 $L_0 = \delta$，$L_1 = 2\delta$（圖 14.3），由遞迴關係得 $\{L_n\}$（$n \geq 0$）：

$$\delta，2\delta，3\delta，5\delta，8\delta，13\delta，21\delta，\cdots\cdots$$

不考慮 δ，即得一串費波那契數列 $\{U_n\}$：

$$1，2，3，5，8，13，21，\cdots\cdots$$

由此可以構造 k 次試驗的第 1 個試驗點的分點係數 ω_k，$k = 1$，2，3，……。這是一串分數

$$\frac{1}{2}, \frac{2}{3}, \frac{3}{5}, \frac{5}{8}, \frac{8}{13}, \frac{13}{21}, \cdots$$

ω_k 的推導顯示，用以上分數為分點係數設定的試驗點，其試驗方案是最優的。這個優選的方法，也因此取名為「分數法」。

下面我們以削鉛筆為例，分步說明分數法的運用。設筆心長度的試驗範圍為 0 ～ 21 公厘，精度要求 $\delta = 1$ 公厘。試驗方法步驟如下。

（1）設定第一試驗點 x_1。

因為 $21 \leq u_n\delta$

所以 $u_n = 21$，$n = 6$，$\omega_6 = \frac{13}{21}$

從而第一試驗點應選在試驗區間的 $\frac{13}{21}$ 處，即 13 公厘的地方。

（2）用對稱法設定第二試驗點 x_2，即 x_2 應設定在 x_1 關於試驗區間的對稱點處。例中為 8 公厘處，如圖 14.4 所示。

（3）試驗比較，棄去其上沒有峰點的區間。

（4）用對稱法在餘留區間設定第三試驗點 x_3。

（5）如此反覆，直至找到最優點為止。因為 $n = 6$，所以先後總共設定 6 個試驗點。

圖 14.4

　　若我們預先沒有設定試驗的次數,這意味著試驗次數 n 可以取任意大的值。這時的分點係數就必須用 ω_n 的極限來代替。

$$\lim_{n\to\infty}\omega_n = \lim_{n\to\infty}\frac{u_{n-1}}{u_n}$$

$$= \frac{\sqrt{5}-1}{2} = \omega$$

$$= 0.618$$

看！這裡又一次出現了美的密碼。

用 ω 做分點係數的試驗方法，通稱「黃金分割法」。它是處理優選問題最為基本和科學的方法。它的用處可大著呢！讀者不妨自己找些例子試試，你一定會享受到成功的喜悅！

十五、

中國數學史上的牛頓

π 作為圓周率的符號，是由著名數學家尤拉於 1737 年首先使用的。但人類對圓周率的研究，卻可追溯到極為久遠的年代！

古代的希伯來人在描述所羅門廟宇中的「熔池」時，曾經這樣寫道：「池為圓形，對徑為十腕尺，池高為五腕尺，其周長為三十腕尺。」可見，古希伯來人認為圓周率等於 3，不過，那時的建築師們似乎都明白，圓周長與直徑的比要大於 3。

早在西元前 3 世紀，古希臘的阿基米德已經想到用「逼近」的方法來計算 π。為說明阿基米德超越時代的天才構思，我們先從一個半徑為 1 的圓的內接和外切正三角形講起。為敘述方便，我們用 a_k 和 a'_k 分別表示單位圓內接和外切正 k 邊形的邊長，而用 p_k 和 p'_k 表示相應的周長。易知

$$\begin{cases} p_k = k \cdot a_k \\ p'_k = k \cdot a'_k \end{cases}$$

顯然，把圓內接正 k 邊形各頂點間的弧二等分，便可得到圓內接正 $2k$ 邊形，並由此得

$$\begin{cases} a_k < 2a_{2k} \\ p_k < p_{2k} \end{cases}$$

這樣，我們從圓內接正三角形出發，推出

$$p_3 < p_6 < p_{12} < p_{24} < \cdots\cdots < p_{3\cdot2}{}^{k-1} < \cdots\cdots$$

上述無限遞增序列 $\{p_{3\cdot2}{}^{l-1}\}$，明顯地以圓周長為上界。

同理，我們有

$$\text{p}'_3 > \text{p}'_6 > \text{p}'_{12} > \text{p}'_{24} > \cdots\cdots > \text{p}'_{3\cdot2}{}^{k-1} > \cdots\cdots$$

這個遞減序列 $\{p'_{3\cdot2}{}^{k-1}\}$，也明顯地以圓周長為下界。

很明顯，以上兩個一升一降的無限序列，當 k 增大時、越來越靠近，從而有

$$\lim_{k\to\infty} p'_{3\cdot2^{k-1}} = \lim_{k\to\infty} p_{3\cdot2^{k-1}} = 2\pi$$

阿基米德正是利用上面的方法，一直計算到 p_{96} 和 p'_{96}，得出

$$3\frac{10}{71} < \pi < 3\frac{1}{7}$$

阿基米德的這個出色工作，記載於他的著作《圓的度量》一書。

繼阿基米德之後，在計算圓周率的方法上有重大突破的，是中國魏晉時期的數學家劉徽和他的割圓術！

　　263 年，劉徽（225～295）在對中國古籍算書《九章算術》的注釋中，提出了計算圓周長的「割圓」思想。以下這段是劉徽本人的精闢論述：「割之彌細，所失彌少，割之又割，以至於不可割，則與圓周合體，而無所失矣！」

　　劉徽創立的割圓術有 4 個要點，用現代方式表述如下。

　　（1）圓內接正 3×2^k 邊形，當 k 增加時，其面積與圓面積的差越來越小。當 k 無限增大時，正多邊形面積 S_k 與圓面積 A 幾乎相等。

　　（2）$S_{2k} < A < S_{2k} + (S_{2k} - S_k)$。

　　（3）$S_{2k} = \dfrac{k}{2} a_k R$。

　　（4）$a_{2k} = \sqrt{2R^2 - R\sqrt{4R^2 - a_k^2}}$。

　　上述第一個要點，是劉徽思想的核心。他把圓視為邊數無限的正多邊形。讀者從這裡可以看到極限思想的光輝！

　　第二個要點是劉徽的一個重要發現。在計算圓面積時，只要考量圓內接正多邊形，而無須同時考量圓外切正多邊形。這是劉徽方法與阿基米德方法之間本質的差別，也是割圓術先進之所在！這個重要公式證明如下。

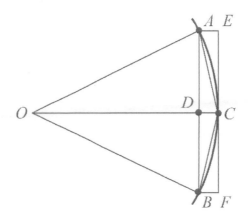

圖 15.1

　　如圖 15.1 所示，設 A、B 是圓內接正 k 邊形兩個相鄰的頂點，C 是 $\overset{\frown}{AB}$ 中點，則 AC 為圓內接正 $2k$ 邊形的一邊。已知 AB 與 OC 交於 D 點，又 $ABFE$ 為矩形，其一邊 EF 切圓 O 於 C 點。易知

$$S2\mathrm{k} - S\mathrm{k} = k \cdot S \triangle \mathrm{ABC}$$
$$0 < A - S_{2k} < 2k \cdot S \triangle_{AEC} = k \cdot S \triangle_{ABC}$$

所以 $0 < A\text{-}S_{2k} < S_{2k}\text{-}S_k$

即 $S_{2k} < A < S_{2k} + (S_{2k}\text{-}S_k)$

由此可得 $\lim\limits_{k \to \infty} S_{2k} = A$

割圓術的第三個要點，劉徽建立了一個面積 S_{2k} 與邊長 a_k 之間的計算關係。事實上

$$S_{2k} = k \cdot S_{\text{四邊形AOBC}}$$

$$= k \cdot \frac{1}{2} AB \cdot OC = \frac{k}{2} a_k R$$

這樣

$$A = \lim_{k \to \infty} S_{2k} = \lim_{k \to \infty} \frac{k}{2} a_k R$$

$$= \lim_{k \to \infty} \frac{1}{2} p_k R$$

$$= \frac{1}{2} CR$$

這裡 C 是圓的周長，$C = 2\pi R$。

所以 $A = \frac{1}{2} \cdot 2\pi R \cdot R = \pi R^2$

特別地，當 $R = 1$ 時，有

$$A = \pi$$

著眼於面積計算 π，這是劉徽與阿基米德方法的又一不同。

第四個要點，劉徽建立了 a_k 與 a_{2k} 之間的遞迴關係式。

這個式子基於畢氏定理（圖 15.2），事實上

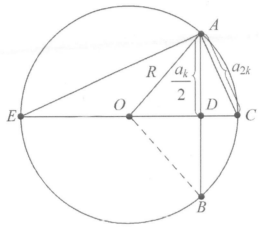

圖 15.2

因為 $OD = \sqrt{R^2 - \left(\dfrac{a_k}{2}\right)^2}$

又 $a_{2k}^2 = 2R \cdot DC = 2R\,(R\text{-}OD)$

所以 $a_{2k}^2 = 2R^2 - R\sqrt{4R^2 - a_k^2}$

即 $a_{2k} = \sqrt{2R^2 - R\sqrt{4R^2 - a_k^2}}$

特別地，當 $R = 1$ 時，有

$$a_{2k} = \sqrt{2 - \sqrt{4 - a_k^2}}$$

因為 $a_6 = 1$

所以

135

$$a_{12} = \sqrt{2 - \sqrt{3}}$$

$$a_{24} = \sqrt{2 - \sqrt{2 + \sqrt{3}}}$$

$$a_{48} = \sqrt{2 - \sqrt{2 + \sqrt{2 + \sqrt{3}}}}$$

······

$$a_{3 \cdot 2^k} = \sqrt{2 - \sqrt{2 + \sqrt{2 + \sqrt{2 + \cdots + \sqrt{2 + \sqrt{3}}}}}}$$

······

劉徽就是利用上面的遞推式子及公式

$$S_{2k} = \frac{k}{2} a_k$$

如同表 15.1，一直算到了圓內接正 192 邊形。

表 15.1 劉徽割圓術表

k	a_k	P_k	S_{2k}	$(S_{2k} - S_k)$
6	1	6		
12	0.517 638	6.211 656	3	
24	0.261 052	6.265 248	3.105 828	0.105 828
48	0.130 806	6.278 688	3.132 624	0.026 796
96	0.065 438	6.282 048	3.139 344	0.006 720
192	0.032 723	6.282 889	3.141 024	0.001 680
...	...	...	...	...

再根據 $S_{2k} < A < S_{2k} + (S_{2k} - S_k)$，當 $k = 96$ 時，有

$$3.141024 < \pi < 3.142704$$

取相同的兩位小數，即得

$$\pi \approx 3.14$$

劉徽的割圓術，其意義不僅在計算出 π 的近似值，且還在於提供了一種研究數學的方法。這種方法相當於今天的「求積分」，後者經 17 世紀英國的牛頓和德國的萊布尼茲做系統總結而得名。鑑於劉徽的重大貢獻，不少書上把他稱為「中國數學史上的牛頓」，並把他所創造的割圓術稱為「徽術」。

值得一提的是，有些書上曾提到劉徽用割圓的方法，計算出圓內接 3,072 邊形的周長，這似乎不甚確切！但事出有因。這是由於在《九章算術》方田章中，有一則據說是劉徽的注文，文中提到

$$\pi \approx \frac{3927}{1250} = 3.1416$$

據此推算，需要求到圓內接 3,072 邊形才能得出這個結果。不過，這段注解一向爭議頗多。因為《九章算術》的

劉徽注本，成書於 263 年。然而在這段注釋之前，竟提及比這更後面的年代！因此，數學史家傾向於認為這段注釋是南北朝時期另一位數學家祖沖之所加。即使這樣，這個結果也比國外最早求得 $\pi = 3.1416$ 的印度數學家阿利耶毗陀早 100 多年！

十六、

實數的最佳逼近

在〈十五、中國數學史上的牛頓〉中說到，阿基米德曾經用「逼近」的思想，求出圓周率 π 滿足

$$3\frac{10}{71} < \pi < 3\frac{1}{7}$$

其中 $3\frac{1}{7} = \frac{22}{7}$ 只比 π 的真值大 0.04%，一公尺的周長也不過差 0.5 公厘！因此用 $\frac{22}{7}$ 代替 π，對人類的日常生活就足夠了！所以歷史上稱 $\frac{22}{7}$ 為 π 的「約率」。

但約率並不是最接近 π 的分數。不過，在分母小於 100 的分數中，再也找不到第二個數比它更接近 π 了！比 $\frac{22}{7}$ 更接近 π 的下一個分數是 $\frac{333}{106}$；而分母小於 30,000 的分數中，最接近 π 的是 $\frac{355}{113}$。

$$\frac{355}{113} = 3.141\,592\,92\cdots$$

它只比 π 的真值大 8×10^{-8}。這個值是由南北朝時期的偉大數學家祖沖之（429 ～ 500）找到的，通稱「密率」。歐洲最早知道這個分數的是德國的奧托（Valenlinus Otto，1550 ～ 1605），時間為 1573 年，比祖沖之要晚 1,000 年！

稍後我們就會知道，還有比密率更接近 π 的分數，只是分母要更大，它們形成了一串逼近 π 的分數列，π 便是它們的極限！

$$3, \frac{22}{7}, \frac{333}{106}, \frac{355}{113}, \frac{103\,993}{33\,102}, \cdots$$

π = 3. 14159, 26535, 89793, 23846, 26433, 83279, 50288, 41971, 69399, 37510, 58209, 74944, 59230, 78164, 06286, 20899, 86280, 34825, 34211, 70679 …

　為了弄清楚這些漸近分數的規律，我們先介紹一些連分數的知識。

　讀者想必已經知道，任何一個實數都可以表示為連分數的形式，它可以透過輾轉相除的方法求得，例如

$$\frac{87}{32} = 2 + \cfrac{1}{1 + \cfrac{1}{2 + \cfrac{1}{1 + \cfrac{1}{1 + \cfrac{1}{4}}}}}$$

$$\sqrt{2} = 1.414\,213\,562\cdots$$

$$= 1 + \cfrac{1}{2 + \cfrac{1}{2 + \cfrac{1}{2 + \cfrac{1}{2 + \ddots}}}}$$

在〈十三、幾何學的寶藏〉一節，那個有「美的旋律」之稱的黃金比例的連分數形式是

$$\frac{\sqrt{5}-1}{2} = \cfrac{1}{1 + \cfrac{1}{1 + \cfrac{1}{1 + \ddots}}}$$

同理，我們能夠算得

$$\pi = 3 + \cfrac{1}{7 + \cfrac{1}{15 + \cfrac{1}{1 + \cfrac{1}{292 + \cfrac{1}{1 + \ddots}}}}}$$

連分數其實是特殊的繁分數。很明顯，一個有限的連分數代表著一個有理數；反過來，一個有理數也一定能透過輾

轉相除，化為有限連分數。因而無理數只能表示為無限連分數的形式。1761 年，德國數學家約翰·海因里希·朗伯（Johann Heinrich Lambert，1728 ～ 1777）證明了 π 是個無理數。從而，把 π 展成連分數，它一定也是無限的！

為節省篇幅，我們簡記連分數為

$$a_0 + \cfrac{1}{a_1 + \cfrac{1}{a_2 + \ddots + \cfrac{1}{a_n}}} = [a_0 ; a_1, a_2, \cdots, a_n]$$

例如 $\dfrac{87}{32} = [2 ; 1, 2, 1, 1, 4]$

$$\sqrt{2} = [1 ; 2, 2, 2, \cdots\cdots]$$
$$\pi = [3 ; 7, 15, 1, 292, 1, \cdots\cdots]$$

連分數的截斷部分，我們稱為漸近分數，簡記為

$$[a_0 ; a_1, a_2, \cdots\cdots, a_k] = \frac{P_k}{Q_k}$$

一個連分數的漸近分數，可以根據定義加以計算。例如 π 的各漸近分數，可以依次算得如下：

$$[3 ; 7] = 3 + \frac{1}{7} = \frac{22}{7}$$

$$[3 ; 7,15] = 3 + \cfrac{1}{7 + \cfrac{1}{15}} = \frac{333}{106}$$

$$[3 ; 7,15,1] = 3 + \cfrac{1}{7 + \cfrac{1}{15 + \cfrac{1}{1}}} = \frac{335}{113}$$

$$[3 ; 7,15,1,292] = 3 + \cfrac{C1}{7 + \cfrac{1}{15 + \cfrac{1}{1 + \cfrac{1}{292}}}}$$

$$= \frac{103\,993}{33\,102}$$

......

其中 $\frac{22}{7}$ 和 $\frac{335}{113}$ 就是我們前面說過的約率和密率。

透過繁分式計算漸近分數當然是很麻煩的,有沒有更簡便的演算法呢?有!那就是列表遞推,如下式:

$$\frac{P_0}{Q_0} = [a_0] = \frac{a_0}{1}$$

$$\frac{P_1}{Q_1} = [a_0 ; a_1] = a_0 + \frac{1}{a_1} = \frac{a_1 a_0 + 1}{a_1}$$

$$\frac{P_2}{Q_2} = [a_0 ; a_1, a_2] = a_0 + \cfrac{1}{a_1 + \cfrac{1}{a_2}}$$

$$= \frac{a_2 P_1 + P_0}{a_2 Q_1 + Q_0}$$

$$\frac{P_3}{Q_3} = [a_0 ; a_1, a_2, a_3] = a_0 + \cfrac{1}{a_1 + \cfrac{1}{a_2 + \cfrac{1}{a_3}}}$$

$$= \frac{a_3 P_2 + P_1}{a_3 Q_2 + Q_1}$$

......

假如我們設想 $P_{-1} = 1$，$Q_{-1} = 0$，那麼便有遞迴關係式

$$\begin{cases} P_k = a_k P_{k-1} + P_{k-2} \\ Q_k = a_k Q_{k-1} + Q_{k-2} \end{cases} \quad (k = 1, 2, 3, \cdots)$$

按上述規律，我們可以列表計算，如表 16.1 所示。

表 16.1 列表計算

k	-1	0	1	2	3	$\cdots$	n	$\cdots$
a_k		a_0	a_1	a_2	a_3	$\cdots$	a_n	$\cdots$
P_k	1	a_0	P_1	P_2	P_3	$\cdots$	P_n	$\cdots$
Q_k	0	1	Q_1	Q_2	Q_3	$\cdots$	Q_n	$\cdots$

演算法是

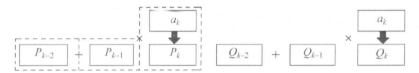

如求 $\dfrac{\sqrt{5}-1}{2}$ 的各漸近分數，如表所示。$\omega = 16.2$

$$\omega = [0 ; 1, 1, 1, 1, \cdots\cdots]$$

表 16.2 計算結果 1

k	-1	0	1	2	3	4	5	6	$\cdots$
a_k		0	1	1	1	1	1	1	$\cdots$
P_k	1	0	1	1	2	3	5	8	$\cdots$
Q_k	0	1	1	2	3	5	8	13	$\cdots$

所得 $\{P_k\}$、$\{Q_k\}$ 都是一串費波那契數。

對熟悉電腦的讀者，還可以設計出求任一實數的漸近分數的程式，那可就「一勞永逸」了！

實數 α 的漸近分數的最重要性質，是它一大一小交錯著向 α 逼近，即

$$\frac{P_0}{Q_0} < \frac{P_2}{Q_2} < \frac{P_4}{Q_4} < \frac{P_6}{Q_6} < \cdots \leqq \alpha$$

$$\frac{P_1}{Q_1} > \frac{P_3}{Q_3} > \frac{P_5}{Q_5} > \frac{P_7}{Q_7} > \cdots \geqq \alpha$$

而且我們還不難證明

$$\left| \alpha - \frac{P_n}{Q_n} \right| < \left| \alpha - \frac{P_{n-1}}{Q_{n-1}} \right|$$

及

$$\left| \alpha - \frac{P_n}{Q_n} \right| \leqq \frac{1}{Q_n^2}$$

這顯示 α 的漸近分數，一個比一個更加接近於 α，且

$$\lim_{n \to \infty} \frac{P_n}{Q_n} = \alpha$$

漸近分數的逼近是最佳的！意思是說，對 α 的某一漸近分數 $\frac{P}{Q}$，我們再也找不到分母比它小而又更接近 α 的分數了，

表 16.3 打「*」欄說明了這一點，那是相應於黃金比例 $\omega = \dfrac{\sqrt{5}-1}{2} \approx 0.6180339\cdots\cdots$ 的一串漸近分數。

表 16.3 計算結果 2

Q	$Q \cdot \omega$	P	$\omega - \dfrac{P}{Q}$	最佳逼近
1	0. 618 033 9	1	-0.382	
2	1. 236 067 9	1	0.118	*
3	1. 854 101 9	2	-0.049	*
4	2. 472 135 9	2	0.118	
5	3. 090 169 9	3	0.018	*
6	3. 708 203 9	4	-0.049	
7	4. 326 237 9	5	-0.096	
8	4. 944 271 9	5	-0.007	*
9	5. 562 305 8	6	-0.049	
10	6. 180 339 8	6	0.018	
11	6. 798 373 8	7	-0.018	
12	7. 416 407 8	7	0.007	
13	8. 034 441 8	8	0.003	*
...	...	...	...	

難怪在〈十四、科學的試驗方法〉一節，我們可以取 ω 的這一系列漸近分數作為分點係數，用以替代黃金分割點。奧妙原來在於此！

十七、

漫談曆法和日月食

現今的陽曆，承自古代的埃及。那時尼羅河的水大約每365 天氾濫一次，周而復始。因此 365 天便被定為一年。而月亮大約每 30 天缺而復圓，因此 30 天便被定為一個月。這樣，一年 12 個月還餘 5 天，古埃及人便把這多出的 5 天，放在年終當節假日，好讓大家慶賀新年。

然而，尼羅河河水氾濫的週期只是一個大概的數字。地球繞太陽旋轉一周，回歸到原先的位置，所需的時間要比365 天多 1/4 天。這樣，河水氾濫的時間，實際上每年大約往後推了 1/4 天。隨著歲月的推移，尼羅河氾濫的日期越來越晚，而新年則有時出現在炎夏，有時出現在隆冬！大約每1,460 個春秋，便含有 1,461 個埃及年，整整多出一年！

西元前 46 年，具有傳奇般魅力的羅馬執政者儒略・凱撒（Julian Caesars，西元前 120 ？～前 44），終於下定決心改變這個混亂狀態。在天文學家的幫助下，他把西元前 46 年延續為 445 天，而從西元前 45 年開始，改成目前尚在使用的陽曆，這便是以凱撒名字命名的「儒略曆」！

儒略曆對每年長出的大約 1/4 天，採用設閏的方法。即遇到閏年，每年加上 1 天，變為 366 天。如果一個回歸年恰為 $365\frac{1}{4}$ 天，那麼每 4 年設一閏也就夠了！可是一個回歸年準確的時間是 365.2422 天，每年實際上多出的是 0.2422 天。這樣，每一萬年必須加上 2,422 天才行，平均每 100 年要

閏 24 天。這就是現在採用的「四年一閏而百年少一閏」的道理。

不過，百年 24 閏，一萬年也只加 2,400 天，還有 22 天怎麼辦？於是曆法家們又多出了每 400 年增一閏的規定，這樣也就差不多補回了「百年 24 閏」少算的差數！當然，這樣每萬年還是多閏了 3 天，但這已夠精確了。從凱撒到現在，儒略年與回歸年也還沒差過一天呢！

數學家們對設閏的方法卻另有高見，他們把多出的天數 0.2422 展成連分數：

$$0.2422 = \cfrac{1}{4 + \cfrac{1}{7 + \cfrac{1}{1 + \cfrac{1}{3 + \cfrac{1}{4 + \ddots}}}}}$$

其漸近分數是

$$\frac{1}{4}, \frac{7}{29}, \frac{8}{33}, \frac{31}{128}, \frac{163}{673}, \cdots$$

這些漸近分數一個比一個更接近 0.2422。

這些漸近分數顯示，4 年加一閏是初步的最佳方案；但 29 年 7 閏將會更好一些，而 33 年設 8 閏又會更好！這相當

於 99 年加 24 天，它與「百年 24 閏」已非常接近。但後者顯然要好記和實用的多，所以即使是數學家，也會贊成曆法家的設閏方案的！

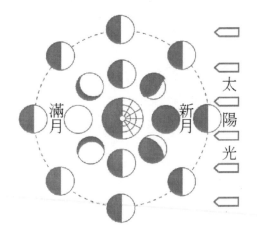

同樣的方法可以用到農曆的設閏中去。農曆月是根據「朔望月」來確定的。所謂朔望月是指從一個滿月到下一個滿月的時間間隔。這個間隔準確地說，有 29.5306 天。前面說過，一年有 365.2422 天，因此一年的月數該有

$$\frac{365.242\,2}{29.530\,6} = 12.368\,262\cdots$$

即平均 12 個月多一些。所以，農曆月有時一年 12 個月，有時一年 13 個月，後者也稱農曆閏年。把上面商的小數部分展成連分數：

$$0.368\,262\cdots = \cfrac{1}{2 + \cfrac{1}{1 + \cfrac{1}{2 + \cfrac{1}{1 + \cfrac{1}{1 + \cfrac{1}{16 + \ddots}}}}}}$$

它的漸近分數為

$$\frac{1}{2}, \frac{1}{3}, \frac{3}{8}, \frac{4}{11}, \frac{7}{19}, \frac{116}{315}, \cdots$$

漸近分數的性質顯示，農曆月兩年設一閏太多，3 年設一閏太少，8 年設三閏太多，11 年設四閏太少……如此等等。讀者一旦知道了上述的道理，對農曆的設閏，便不會感到奇怪了！

以下轉到另一種重要的天象 —— 日食和月食。可能有不少讀者對此感到神祕，不過，當讀完這一節後，一切的神祕感便會消除，說不定還能當一個小小的預言家呢？

古代的人由於不了解日食和月食這些自然現象，誤把它們視為災難的徵兆。所以當這些現象出現時，就表現得驚慌失措、惶恐不安！

　　據史書記載，大約西元前 6 世紀，希臘的呂底亞和麥底亞兩國，兵連禍結，雙方惡戰五載，勝負未分。到了第 6 個年頭的一天，雙方激戰正酣。忽然間天昏地暗、黑夜驟臨！戰士們以為冒犯了神靈，觸怒了蒼天，於是頓然醒悟。雙方立即拋下武器，握手言和！後來天文學家幫助歷史學家準確地確定了那次戰事發生的時間，是西元前 585 年 5 月 28 日午後。

　　另一個傳說是航海家哥倫布在牙買加時，當地的加勒比人企圖將他和他的隨從餓死。哥倫布則對他們說，如果他們不給他食物，他那夜就不給他們月光！結果那一夜月食一開始，加勒比人便投降了！現在已經查證到故事發生的時間是 1504 年 5 月 1 日。

　　其實日食、月食只是由於太陽、月亮、地球 3 種天體運動合成的結果。月亮繞地球轉，地球又繞太陽轉，當月球轉到了地球和太陽的中間，且這 3 個天體處於一條直線時，月球擋住了太陽光，就發生日食；當月球轉到地球背著太陽的一面，且這 3 個天體處於一條直線時，地球擋住了太陽光，就發生月食，如圖 17.1 所示。

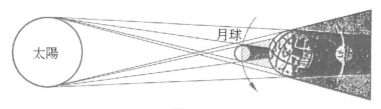

圖 17.1

但是，由於月球的軌道平面並不在地球繞太陽轉動的平面上，因此月球每次從地球軌道平面的一側穿到平面的另一側去，便與這個平面有一個交點。這樣交點有一個在地球軌道內，稱內交點；另一個在地球軌道外，稱外交點，如圖17.2 所示。月球從內交點出發，又回到內交點的週期，被稱為交點月，約 27.2123 天。

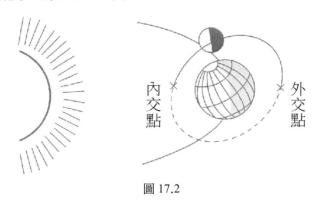

圖 17.2

　　很明顯，日食、月食的發生，必須同時具備兩個條件，缺一不可：一是月亮恰在內外交點處；二是日、月、地三者共線，即必須是新月或滿月。以上條件顯示，如果某日恰好發生日食或月食，那麼隔一段週期之後，日食和月食的情景又會重演，這段週期恰好是交點月和朔望月的倍數。

　　為了求朔望月和交點月的最小公倍數，把它們的比展成連分數

$$\frac{29.5306}{27.2123} = 1 + \cfrac{1}{11 + \cfrac{1}{1 + \cfrac{1}{2 + \cfrac{1}{1 + \cfrac{1}{4 + \ddots}}}}}$$

考慮漸近分數

$$[1 \,;\, 11, 1, 2, 1, 4] = \frac{242}{223}$$

它顯示，過 242 個交點月或 223 個朔望月之後，日、月、地三者又差不多回到了原先的相對位置，這一段時間相當於

$$242 \times 27.2123 = 6{,}585.3766 \,（天）$$

即相當於 18 年 11 天又 8 小時。這就是著名的沙羅週期！有了這個週期，讀者便可以根據過去的日食、月食，對將來的日食和月食進行預測了！

不過，一年裡發生日食、月食的機會是很少的，日食最多 5 次，月食最多 3 次，兩者加在一起，絕對不超過 7 次！

十八、

群星璀璨的英雄世紀

　　17 世紀的歐洲，數學界群星璀璨，英雄輩出！數學家
們終於走出古希臘人嚴格證明的聖殿，以直觀推斷的思維方
式，大膽地開闢新的道路。他們在無窮小演算和極限理論的
基礎上，創立了微積分學。

　　英雄世紀的英雄榜上，第一個顯赫人物，當推義大利的
伽利略‧伽利萊（Galileo Galilei，1564 ～ 1642）。伽利略身
為物理學家，比當數學家更為有名，他因發現運動的慣性原
理、擺振動的等時性及自由落體定律而名垂青史！

　　值得一提的是，有一個傳聞很廣的故事：伽利略曾在義
大利比薩城的著名斜塔上做過一個名聞遐邇的實驗，即從斜
塔頂層同時落下兩個輕重相差 10 倍的鐵球，結果兩球同時到
達地面。不過，這已被歷史學家證實為誤會。做這個實驗的
其實另有其人。

　　伽利略身為數學家的功績在於，他使阿基米德的「窮竭
法」思想，在淹沒了兩千個春秋之後，得以重新煥發光輝！

　　古希臘阿基米德的「窮竭法」，類似劉徽的割圓術。窮
竭法中用到的無窮小分析及「以直代曲」的極限思想，已經
孕育出微積分的雛形！

　　時勢造就英雄。16 世紀末，歐洲資本主義迅速發展，天
文、航海、力學、軍事和生產等各方面，都向數學提出了新
的課題。這些課題促使數學家們爭相研究，他們的成果交相

輝映。他們不僅把阿基米德的「窮竭法」發揮得淋漓盡致，
還完善了極限理論，創造了像解析幾何那樣的重要方法。所
有這些都為微積分的創立掃清了道路。在這方面由於出色的
工作而名載史冊的有：義大利的卡瓦列里，德國的克卜勒，
法國的費馬、笛卡兒、帕斯卡，荷蘭的惠更斯，英國的沃利
斯、格雷果里和巴羅。

　　1609 年，德國天文學家克卜勒創造性地應用無窮小量求
和的方法，確定曲邊圖形的面積和旋轉體的體積。1615 年，
克卜勒發表了〈測量酒桶體積的新方法〉一文，一舉求出了
392 種不同旋轉體的體積。克卜勒卓有成效的工作，對微積
分的先驅者卡瓦列里、沃利斯等人產生了直接的影響。

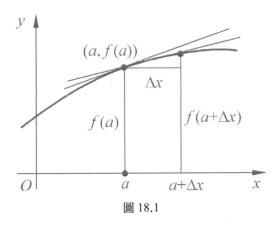

圖 18.1

　　1635 年，義大利數學家卡瓦列里提出了確定面積和體積
的新方法，即把一條曲線，看成是由無數個點構成的圖形，

就像項鍊是由珠子穿成的一樣；一個平面是由無數條平行線構成的圖形，就像布是由線織成的一樣；一個立體是由無數個平面構成的圖形，就像書籍是由書頁組成的一樣。卡瓦列里的新穎構思，為微積分提供了雛形。

不能不說的是，卡瓦列里曾提出過一個後來以他名字命名的公理，然而這個公理早在 1,100 年前，就被中國古代數學家祖沖之父子發現，這就是現今教科書上提到的祖暅原理。

1637 年，號稱「怪傑」的法國數學家費馬創造了求切線斜率的新方法。如圖 18.1 所示，費馬把曲線上某一點切線的斜率，看成是該點座標的兩個增量比的極限。也就是說，曲線 $y = f(x)$ 上橫座標為 a 的點處的切線斜率 k：

$$k = \lim_{\Delta x \to 0} \frac{f(a + \Delta x) - f(a)}{\Delta x}$$

這實際上就是以後牛頓「流數」的定義！

微積分創立道路上的一個重要里程碑，是解析幾何的誕生。1637 年，法國數學家笛卡兒（Rene Descartes，1596 ～ 1650）建立了平面座標系。他的卓越工作，使古典的幾何學領域處於代數學家的支配之下。變數的出現，為微積分的研究提供了最重要的工具！

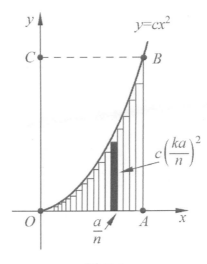

圖 18.2

　　笛卡兒的成就，使微積分創立的前驅工作加速了！西元 1655 年，英國數學家沃利斯運用代數的形式、分析學的方法及函數極限的理論，實際上提出了定積分的概念。以下讓我們透過求拋物線所圍圖形的面積，一覽沃利斯這個出色的工作。

　　如圖 18.2 所示，設拋物線弧的方程式為 $y = cx^2$，曲邊三角形的 3 個頂點是

$$O\ (0 , 0)，A\ (a , 0)，B\ (a , ca^2)$$

　　把 OA 分為 n 等分，過分點作垂直於 OA 的直線與曲線相交，構成 n 個窄長方形。很明顯，當等分數 n 無限增大時，圖

中窄長方形的面積之和,趨向一個有限值,這便是曲邊三角形的面積 A。對於第 k 個窄長方形而言(圖中塗黑部分),易知其寬為 $\dfrac{a}{n}$,高為 $c\left(\dfrac{ka}{n}\right)^2$,從而這個小長方形的面積 s_k 為

$$s_k = \frac{a}{n} \cdot c\left(\frac{ka}{n}\right)^2 = \frac{ca^3}{n^3} \cdot k^2$$

所有窄長方形面積之和

$$s_1 + s_2 + s_3 + \cdots + s_k + \cdots + s_n$$

$$= \frac{ca^3}{n^3}(1^2 + 2^2 + 3^2 + \cdots + k^2 + \cdots + n^2)$$

$$= \frac{ca^3}{n^3} \cdot \frac{n}{6}(n+1)(2n+1)$$

$$= \frac{ca^3}{6}\left(1 + \frac{1}{n}\right)\left(2 + \frac{1}{n}\right)$$

當 n 無限增大時,便得

$$A = \lim_{n \to \infty}(s_1 + s_2 + \cdots + s_n)$$

$$= \lim_{n \to \infty}\left[\frac{ca^3}{6}\left(1 + \frac{1}{n}\right)\left(2 + \frac{1}{n}\right)\right]$$

$$= \frac{ca^3}{3}$$

注意到矩形 $OABC$ 的面積為 ca^3，從而拋物線弧恰好三等分矩形 $OABC$ 的面積（圖 18.3）！這個有趣的結論，不是所有讀者都知道得很清楚吧？

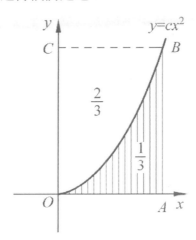

圖 18.3

沃利斯之後，英國年輕數學家格雷果里進一步完善了極限運算的方法。格雷果里對無窮級數的深入研究，使他成為微積分發展史上的又一重要先驅者。

在兩位微積分的創始人，英國的牛頓（Isaac Newton，1643 ～ 1727） 和 德 國 的 萊 布 尼 茲（Gottfried Leibuiz，1646 ～ 1716）出場之前，還要提到一個享譽數壇的人物，英國數學家巴羅（Barrow，1630 ～ 1677）。巴羅是牛頓的老師，他的《幾何學講義》一書，使牛頓深受影響。巴羅的數

學造詣很深,他不僅發現了積、商和隱函數的微分法,而且第一個發現到微分與積分之間的互逆關係。

巴羅之所以名垂史冊,還在於他的遠見卓識。1669年10月29日,巴羅突然提出辭去「盧卡斯數學教授」的席位,並推薦自己的學生,27歲的牛頓繼任。「盧卡斯數學教授」是英國劍橋大學授予最卓越的自然科學家的榮譽席位。牛頓果然沒有辜負他老師的厚望,在人類科學史上成為一代宗師!

1666年5月20日,在牛頓的手稿上,第一次出現了「流數術」一詞,象徵著英雄世紀、英雄業績的微積分學,終於正式誕生了!

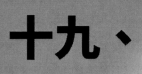

十九、

無聊的爭論與嚴峻的挑戰

　　1906 年，人們驚奇地發現一封 2,200 年前，阿基米德寫給他好友埃拉托斯特尼（Eratosthenes，西元前 275 ～前 193）的信，後者以創造一種質數的篩法而著名。信中阿基米德預言：能夠確立一種新的方法，利用這種方法，後人便能發現許多前所未有的定理，而這些定理是他所沒能想到的。

　　然而，上述預言的實現，曾經歷了漫長的歷史歲月。希臘的幾何方法本身雖說無懈可擊，但無法揭示問題間的真正關聯。這致使阿基米德的工作沒有能夠被後人所繼續，而他所預言的進步，也遲至 17 世紀才出現！

　　真正實現阿基米德預言的，是 17 世紀中葉的兩位年輕數學家，英國的牛頓和德國的萊布尼茲。

　　在世界科學史上，大概很難找到比牛頓更加偉大的科學家了！他那「從蘋果落地聯想到萬有引力」的動人故事，已經成為千古美談。然而，牛頓的幼年並不具有超人的智商。他的奮起和成功，對那些懷疑自身大腦功能的人，是個非常好的榜樣！

　　牛頓生長在英國的一個農村，父親在他出生前便去世了。悲傷過度的母親，還沒足月便生下了他。據說，當時的牛頓瘦小得連大一點的杯子都能裝得下。母親曾對這個幼小的生命絕望過。當時誰也沒有料到，後來的牛頓，竟活到了85 歲高齡，並成為聞名於世的偉大科學家！

牛頓 3 歲時母親改嫁了，他由外祖母撫養。上學以後，他不僅體弱多病，且學業成績很差，常常被一些同學瞧不起。13 歲時，牛頓在學校被一位同學欺負，一腳踢在他的肚子上。牛頓在痛苦之下奮力抵抗，竟然獲勝！於是他悟出了學問之道，從此發奮讀書，成績一舉躍居班級前茅！

　　1661 年，牛頓考入劍橋大學。在巴羅教授的悉心指導下，他鑽研了笛卡兒的《幾何學》和沃利斯的《無窮算術》，奠定了堅實的數學基礎。

　　1669 ～ 1676 年，牛頓寫下了 3 篇重要著作。在這些文章中，他給出了求瞬時變化率的普遍方法，證明了面積可由變化率的逆過程求得。在文章中，牛頓把運動引進了數學，他把曲線看成是由幾何的點運動而產生。他稱變數為「流」，變化率為「流數」，並為他的「流數術」劃定一個中心範圍：

　　（1）已知連續運動的路程，求瞬時速度；

　　（2）已知運動的速度，求某段時間經過的路程；

　　（3）求曲線的長度、面積、曲率和極值。

　　1687 年，牛頓發表了劃時代的科學鉅著《自然哲學的數學原理》。這部不朽的名著，把他所創造的方法與自然科學的研究，緊密地結合在一起，從而使微積分學在實踐的土壤中，深深地扎下了根。這本書也因此成為人類科學史上一個光彩奪目的里程碑！

　　與此同時，在英吉利海峽另一側的歐洲大陸，出現了另一位微積分學的奠基者，他就是德國的數學家哥特弗利德·萊布尼茲。比起牛頓，萊布尼茲的幼年顯得聰慧而早熟！他15歲即進入萊比錫大學，17歲獲學士學位，20歲獲博士學位。1672年，萊布尼茲訪問法國，認識了著名的荷蘭科學家惠更斯（Christiaan Huygens，1629～1695），在惠更斯的鼓勵下，萊布尼茲致力於尋求獲得知識和創造發明的新方法。他思想奔放、才華橫溢，數學天分得以盡情地發揮！

　　1684年，萊布尼茲發表了第一篇微分學論文〈一種求極值和切線的新方法〉，兩年後，他又發表了另一篇關於積分學的論文。

　　萊布尼茲的微積分與牛頓的微積分有著明顯的不同。牛頓是用幾何的形式來表述他的成果，而萊布尼茲的理論則散發著代數的芳香。儘管在與物理的結合上，萊布尼茲不如牛頓，但萊布尼茲方法的想像力之豐富，符號之先進，也是牛頓方法所無法比擬的。從以下的內容可以看出這些差別。

　　1704年，牛頓在他的〈曲線求積論〉一文中，對積分學的基本定理做了如下描述，如圖19.1所示。

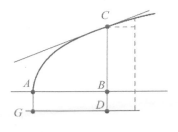

圖 19.1

「假設面積 *ABC* 和 *ABDG* 是由縱座標 *BC* 和 *BD* 在基線 *AB* 上以相同的勻速運動所生成的,則這些面積的流數之比與縱座標 *BC* 和 *BD* 之比相同。而我們可以把它們看成由這些縱座標表示,因為這些縱座標之比,正好等於面積的初始增量之比……」

牛頓的這段話,對不十分熟悉幾何的人來說,理解起來可能很困難!然而,同一個內容,在萊布尼茲的著作中,卻表示成一個式子

$$\frac{\mathrm{d}}{\mathrm{d}x}\left(\int_a^x f(t)\,\mathrm{d}t\right) = f(x)$$

式中定積分 $\int f(t)\,\mathrm{d}t$,表示曲線 $y = f(x)$、x 軸及橫座標為 x 的直線所圍成的圖形(見圖 19.2 的陰影區)的面積。其符號之簡潔躍然紙上!

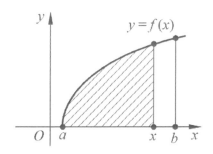

圖 19.2

　　儘管從後人看來，牛頓和萊布尼茲的確各自獨立地創立了微積分學，但由於牛頓提出「流數」的時間比萊布尼茲要早 10 年，而萊布尼茲的論文公開發表的時間，又比牛頓早 3 年，因此圍繞微積分的發明權，歷史上曾出現過長達一個世紀的無聊爭論！

爭論是由瑞士的丟里埃挑起的。1699 年，丟里埃在著文中斷言萊布尼茲抄襲了牛頓的成果！萊布尼茲當即予以反駁。1714 年，萊布尼茲在《微分法的歷史和起源》一書中寫道：「在萊布尼茲建立這種新運算的專用觀念之前，它肯定並沒有進入任何其他人的心靈！」這段文章暗示牛頓剽竊他的成果。這樣一來，關於微積分發明權的爭論，激起了兩個民族情感的軒然大波。英、德兩國各執一端，雙方追隨者固執己見，使爭論綿延了整整一個世紀。特別是英國，偏激的民族

情感，使它拒絕接受歐洲大陸的進步，致使一海之隔的英倫三島，在很長一段時期內，其數學水準遠落後於歐洲大陸！

微積分在面臨內部紛爭的同時，也面臨著外部的嚴峻挑戰。一些唯心主義者，抓住微積分基礎理論在當時尚未穩固而大做文章，極盡攻擊、謾罵之能事！

1734 年，英國神學家貝克萊著書攻擊微積分，並將推導過程中，對無窮小量的忽略說成是「分明的詭辯」、「把人引入歧途的招搖撞騙」等。在貝克萊的挑動下，一些頗有成就的數學家，也說了一些缺乏深思熟慮的話。這就造成了數學史上的「第二次危機」。一場關於微積分奠基問題的大論戰，拉開了序幕！

面對嚴峻的挑戰，大批訓練有素的數學家，為捍衛真理，終於奮起反擊了！英國的麥克勞林、泰勒，法國的達朗貝爾、拉格朗日等著名數學家，為微積分的基礎理論建設，做了大量卓有成效的工作。另外，微積分在實踐和應用上節節勝利。事實勝於雄辯，微積分顯示了它的強大生命力。連貝克萊本人後來也不得不承認：「流數術是一把萬能的鑰匙，藉助於它，近代數學家開啟了幾何及大自然的祕密大門。」

今天，誰也不會對微積分抱有懷疑了！這個人類傑出的科學成果，在經歷了嚴峻的挑戰之後，越發顯示出真理的光輝！

二十、

快速鑑定質數的方法

在〈五、奇異的質數序列〉中我們說過，19 世紀末，法國數學家哈達馬證明了質數定理，用式子表達就是

$$\lim_{n \to \infty} \frac{\pi(n)}{\dfrac{n}{\ln n}} = 1$$

式中 $\pi(n)$ 是小於 n 的質數個數。這個定理顯示，當 n 很大時，質數的數量依然是很可觀的！

質數的存在是一回事，鑑定質數又是另外一回事，後者是十分令人頭痛的問題。一個人人都會的方法，是把所有可能的質因數一一拿去試除。不過，這裡也有竅門。假定 N 是一個合數，數 A 是它的最小質因數。令 $N = A \cdot B$，則

因為 $N = A \cdot B \geq A^2$

所以 $\sqrt{N} \geq A$

這顯示我們只要對不大於 $\sqrt{N}$ 的質因數逐一試除就行了！

即使這樣，試除工作也是繁重而費時的。舉例來說，要鑑定以下的數是否是質數：

$$N = 10,000,000,000,000,001$$

需要試除 $\sqrt{N} \approx 10^8$ 以內的質數，這樣的質數共有

5,761,455 個，倘若一一試過，則不知要試到何年何月，更不用說要判定位數更大的數了！因此，如何快速鑑定質數，便成為向人類智慧挑戰的最簡單，卻又最困難的一個數學問題！

多少世紀以來，許多數學家為尋求快速鑑定質數的方法而絞盡腦汁，結果收效甚微。直至 1980 年代，上述問題才獲得較為理想的突破。出人意料的是，當時所用的方法，追本溯源，竟是 350 年前人們已經知道的！

1640 年，法國著名數學家費馬（Pierre Fermat，1601～1665）在寫給他朋友的一封信中，聲稱發現了一個定理，即若 P 為質數，則對任何正整數 a，$(a^P - a)$ 一定能被 P 整除。不過當時費馬沒有給出證明，這個命題的證明，是由一個世紀之後的瑞士數學家尤拉做出的。

以下是這個定理的一些簡單例子：

$$2^{13} - 2 = 8190 = 13 \times 630$$
$$3^{11} - 3 = 177144 = 11 \times 16104$$
$$5^7 - 5 = 78120 = 7 \times 11160$$
$$\cdots\cdots$$

這裡似乎需要提到一段歷史上的公案。1920 年代，歐洲的一些學者，如狄克森等人，在論述數的歷史時曾說道，早在

孔丘時代（春秋時期，距今約 2,500 年），中國人就知道「若 P 為質數，則 2^P-2 能被 P 整除」的規律。眾所周知，這是上述費馬定理的特例。後來，人們查證了這種說法的出處，原來均來自於 1897 年一位名叫瓊斯的大學生的一篇短文。在這篇短文的末尾，有一則奇怪的附注。附注說：「威爾瑪爵士的一篇論文認為，早在孔丘時代，就已有過這個定理，並且（錯誤地）說，如果 P 不是質數，則此定理不成立。」

那麼，威爾瑪爵士的文章又是依據什麼呢？原來是依據古代數學名著《九章算術》中的一段論述：

「可半者半之，不可半者，副置分母分子之數，以少減多，更加減損，求其等也！」

這一段令人迷惑難懂的文言文，實際上說的是輾轉相除。這個方法曾以古希臘數學家歐幾里得的名字命名。然而由於西方的漢學家對中國古文理解的困難，致使出現了理解上的差錯！

現在回到前面討論的課題上來。我們說過，若 P 為質數，則 $a^P - a$ 必能被 P 整除。那麼，反過來，若 $a^P - a$ 能被 P 整除，P 是質數嗎？對這個費馬定理的逆命題，在做了許多嘗試，並沒有發現它是不成立之後，人們傾向於認為這是一條真理！

不料，1819 年，法國數學家薩呂舉出了一個反例：

當 $P = 341$ 時，有

$$2^{341} - 2 = 2 \times (2^{340} - 1)$$
$$= 2 \times (2^{10} - 1)(2^{330} + 2^{320} + 2^{310} + \cdots + 1)$$
$$= 2 \times 3 \times 341 \times (2^{330} + 2^{320} + 2^{310} + \cdots + 1)$$

而 $341 = 11 \times 31$，它不是質數！

1830 年，一位不願意公開自己姓名的德國作者撰文，指出了更為一般的構造反例的方法。

不過，應當指出，能整除 $2^n - 2$ 的 n，幾乎都是質數。像 341 那樣混跡其中的合數，是非常少的。

1909 年，巴拉切維茲證明了在 2,000 之內，諸如 341 那樣魚目混珠的合數（通稱偽質數）只有 5 個，占 0.25％，它們是

$$341 = 11 \times 31 ; 561 = 3 \times 11 \times 17 ;$$
$$1,387 = 19 \times 73 ; 1,729 = 7 \times 13 \times 19 ;$$
$$1,905 = 3 \times 5 \times 127$$

隨後，人們又陸續找到了一些超過 2,000 的偽質數，例如：

$$2,047 = 23 \times 89 ; 2,701 = 37 \times 73 ;$$
$$2,821 = 7 \times 13 \times 31 ; 4,369 = 17 \times 257 ;$$

$$4{,}681 = 31 \times 151 \; ; \; 10{,}261 = 31 \times 331 \; ;$$

$$10{,}585 = 5 \times 29 \times 73 \; ; \; 15{,}841 = 7 \times 31 \times 73 \; ;$$

……

偽質數比起真質數來，真是鳳毛麟角，少得可憐！在 100 億之內的質數，有 455,052,512 個，而偽質數只有 14,884 個。這顯示，在 100 億之內，且 2^n-2 能被 n 整除的那些數中，質數占 99.9967％，只有不足 0.004％ 的數是合數。一般來說，偽質數與質數的比約為 1：30,000。

這樣一來，$2^n - 2$ 能否被 n 整除，便可作為鑑定數 n 是否為質數的相當可靠的方法。如果 $2^n - 2$ 不能被 n 整除，那麼 n 一定是合數；否則 n 要麼是質數，要麼是偽質數。剔除為數極少的偽質數，所剩的便是真質數了！

1980 年，兩位歐洲數學家根據上面的思路，終於找到了一種最新的質數鑑定法。應用這種方法，一個 100 位質數的鑑定，過去需要幾萬年，現在只需幾秒鐘！

有趣的是，在偽質數中，還有這樣的一類，它們不僅能夠整除 2^n-2，而且還能整除

$$3^n - 3 \; ; \; 4^n - 4 \; ; \; 5^n - 5 \; ; \; ……$$

這樣的偽質數，我們稱為「絕對偽質數」，其中最小的一個是

$$561 = 3 \times 11 \times 17$$

直至 21 世紀初，已知最大的一個絕對偽質數是

$$443{,}656{,}337{,}893{,}445{,}593{,}609{,}056{,}001$$

它在絕對偽質數中排行第 685，是 1978 年發現的。至於它是不是絕對偽質數的盡頭，或絕對偽質數是否有無限個，目前都仍是個謎！

二十一、

祕密的公開和公開的祕密

　　當 SOS 電波在空中傳播時，全世界接收到這個訊號的人都明白，在地球的某個角落，有人遇難了！因為 SOS 是明碼的呼救訊號。明碼是美國人塞繆爾‧摩斯（Samuel Morse，1791 ～ 1872）於 1837 年發明的。從那時起，這種以摩斯命名的電碼，便開始為人類傳遞著公開的祕密！

　　隨著國際政治與軍事鬥爭的加劇，各國為了保護自己的祕密，紛紛開始了對密碼的研究。

　　其實，所謂密碼，也不是什麼了不起的事。它只是一種按「你知，我知」的規律組成的訊號。一個國家的文字，對不懂這個國家文字的人來說，便是一種密碼！中世紀的海盜，往往把掠奪來的財富，存放在一個祕密的地方，然後用一種只有他自己和最親近的人才知道的祕密符號，把財寶的存放地點記錄在羊皮紙上。由於這些海盜很少有人得以善終，因此他們留下的那些祕密符號，便成為千古之謎，至今仍然吸引著許多冒險者瘋狂地去追尋！

　　據說，在蘇聯衛國戰爭期間，游擊隊員們在簡陋的條件下，曾用一種叫「祕密天窗」的工具來書寫密件。寫好的密件，在外人眼中只是一堆雜亂無章的字母。解密時，只要用一個同樣的「祕密天窗」，便可立即讀出發信人所寫的內容。

　　所謂「祕密天窗」，實際上是一張有 $2n \times 2n = 4n^2$ 個小方格的硬紙片，紙片上有 1/4 的方格被挖空，這些被挖空的

小方格便稱為「天窗」。顯然，這樣的「天窗」有 n^2 個，它們當然不能是隨意的，但可以透過下面的方法構造出來。

　　如圖 21.1 所示，每確定一個天窗（圖中陰影方格），則這個天窗繞正方形中心旋轉若干個 90°所能到達的位置（圖標有「×」的方格），便不能再當天窗。第一個天窗開好後，在沒有記號的格子中任選一個做第二個天窗……如此等等，直至不再有沒記號的格子為止。圖 21.2 便是一張已經開好的 6×6 祕密天窗。

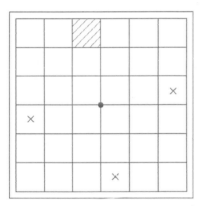

圖 21.1　　　　　　　　圖 21.2

　　使用祕密天窗的方法很簡單，只要把它疊在一張白紙上，然後在挖空的格子中，依序寫下要寫的話；沒有寫完的，把天窗硬紙片繞中心轉 90°接著再寫；寫不完可以再轉 90°接著寫。一個 $2n×2n$ 的祕密天窗，可以寫下 $4n^2$ 個字母的句子。例如，下面這句俄語：Я хочу знатъ，кто придётзавтра утром。意思是：「我想知道明早誰來。」用 6×6 祕密天窗寫後，便成了圖 21.3 所示的密件，拼讀起來毫無意義！6×6 祕密天窗的開法有 $4^8=65{,}536$ 種，想破解也是很不容易的，倘若把這 6 萬多種一一試過，大概所寫的「祕密」，早已變成了「故事」！

А	Я	Р	Т		И
Т	Х	О	Д	Ь	
Ч	К	Е	Р	Т	А
О			У	У	Т
Т	Р			З	П
З	А	О	Н	В	М

圖 21.3

祕密天窗的解密是很容易的。我想任何一位讀者，都能用圖 21.2 的「祕密天窗」，把上述密件破解出來。

世上萬物總是相生相剋。既然有人研究密碼，也就有人研究破解密碼的方法。第二次世界大戰後期，日本海軍 JN25 密碼為美軍所破，致使日本海軍司令山本五十六的座機被擊落。英國數學家圖林破解了納粹德國的「恩尼格瑪」密碼，盟軍得以坐待良機，德國轟炸機一出動便遭攔截！所以，世

界各國一向重視所用密碼的安全性，務求「不被破解」。

然而，密碼之所以會被破解，是因為它有一個致命的弱點，即「設密」與「解密」使用的是同一個「金鑰」。這樣，金鑰的得與失，便關係著大局。

1970 年代，許多研究密碼的專家發現，用一些正向容易、逆向困難的數學問題來設密，可以收到很好的效果！例如，把 2 個 50 位的質數相乘，這是一件容易的事；但要從它們的乘積分解出這 2 個質數來，即使用電子電腦也需要 100 萬年。後者看起來似乎是個有限的時間，但實際上可以視為是無限的！上述問題寓難於易，寓無限於有限，這正是構造一切密碼的規律！

現在我們就利用上面的例子來設定密碼。令合數 $n = pq$，p、q 為質數。加密時，先選一個既不能整除 p-1，又不能整除 q-1 的質數 r；然後，將需要加密的明碼 a 乘方 r 次，再除以 n，得到餘數 a'，則 a' 便是密碼。從明碼求密碼的過程是很容易的，兩者的關係，用式子可以寫成

$$a^r \equiv a' \pmod{n}$$

以上算式的意思是 a^r 和 a' 除以 n，餘數相同。

解密時，關鍵是要找一個數 S，使它滿足

$$Sr \equiv 1 \left[\mathrm{mod}\ (p-1)(q-1) \right]$$

數學上可以證明，此時必有

$$(a')^s \equiv a \pmod{n}$$

其實，這一點是不難驗證的。在〈二十、快速鑑定質數的方法〉中說過，1736 年，尤拉證明了費馬小定理。過了 24 年的 1760 年，尤拉又將這個定理推廣為更一般的形式。即若 C 與 n 互質，則

$$C^{\varphi(n)} \equiv 1 \pmod{n}$$

式中 $\varphi(n) = n\left(1-\dfrac{1}{p}\right)\left(1-\dfrac{1}{q}\right)\cdots\left(1-\dfrac{1}{t}\right)$
其中，p，q，……，t 是 n 的質因數。

由於我們加密時選取 $n = pq$（p、q 為質數），因而

$$\varphi(n) = pq\left(1-\frac{1}{p}\right)\left(1-\frac{1}{q}\right)$$

$$= (p-1)(q-1)$$

這樣，根據尤拉定理，便有

$$(a')^{(p-1)(q-1)} \equiv 1 \pmod{n}$$

因為 $Sr \equiv 1 \pmod{(p\text{-}1)(q\text{-}1)}$
所以 $Sr \equiv 1 + k\,(p\text{-}1)\,(q\text{-}1)$，$k \in N$

從而 $(a')^{Sr} \equiv a' \cdot (a')^{k(p-1)(q-1)} \pmod{n}$

$\equiv a' \cdot 1^k \pmod{n}$

$\equiv a' \pmod{n}$

因為 $a' \equiv a' \pmod{n}$

所以 $(a')^{Sr} \equiv a^r \pmod{n}$

這與解密中的算式 $(a')^s \equiv a \pmod{n}$ 沒有矛盾！

現在我們回到密碼的設定上來。很明顯，無論是加密時由 a 求 a'，或解密時由 a' 求 a，對於知道 p、q 的人，都是很容易的。例如，設

$$p = 5，q = 7，n = 35，a = 9$$

選 $r = 5$，它顯然既不整除 $p\text{-}1 = 4$，也不整除 $q\text{-}1 = 6$：

$$a^r = 9^5 \equiv 4 \pmod{35}$$

從而 $a' = 4$ 即為相應於 $a = 9$ 的密碼。

解密時，算得 $(p\text{-}1)(q\text{-}1) = 4 \times 6 = 24$。顯然可以取 $S = 5$（$sr = 25 = 1 + 24$），由

$$(a')^s = 4^5 \equiv 9 \pmod{35}$$

可以還原出明碼 $a = 9$。

上述密碼幾乎可以是公開的，即使把 n 和 r 告訴對方也

無妨！關鍵在於 n 的分解是極為困難的，選取的質數 p、q 越大則分解越難！

具有諷刺意味的是，數學家們對公開密碼的研究，竟引起一些國家情報機構的關注。1977 年，美國國家安全委員會的一個工作人員梅耶，向當時正籌備召開的密碼學會議提出指控，說是「違反了武器禁運規定」！可見這些情報機關，早把密碼當成一種祕密武器來看待。難怪這個訊息一經傳出，社會上輿論譁然，各執己見，爭論了好一陣子！

不過，自從前文說到的質數快速鑑定法出現之後，有人甚至覺得用 100 位的質數來構造密碼也有點不安全了！

二十二、

數格點，求面積

　　1800 年，年僅 23 歲的德國數學家高斯發現了一個有趣的結論，即圓

$$C\left(\sqrt{Z}\right): x^2 + y^2 = Z$$

　　內部整數格點的數目 $R\left(Z\right)$ 與半徑平方的比值，當 Z 增大時趨於 π，寫成式子就是

$$\lim_{Z \to \infty} \frac{R\left(Z\right)}{Z} = \pi$$

　　使人意想不到的是，上述高斯定理的證明竟然很簡單，既不用什麼專業知識，也沒有拐彎抹角的地方。

　　在平面的每一個格點 $P\left(a、b\right)$ 處，都放一個以 P 為中心，邊長為 1 的正方形。這樣的正方形稱為格點正方形。把圓 $C\left(\sqrt{Z}\right)$ 內部格點的正方形塗上顏色，則這些塗了顏色的正方形，如同圖 22.1 那樣連成一片，形成一個區域。假定這個有色區域的面積為 A_C。顯然，我們有

$$A_C = R\left(Z\right)$$

　　因此，如果我們能估出 A_C 的大小，實際上也就等於求得 $R\left(Z\right)$ 的大小。

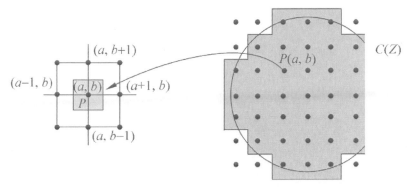

圖 22.1

　　仔細研究一下圖 22.2 就知道，沒有一個有色的正方形，它的點會落到圓 $C\left(\sqrt{Z}+\dfrac{\sqrt{2}}{2}\right)$ 的外面；也沒有一個不塗色的正方形，它的點會落到圓 $C\left(\sqrt{Z}-\dfrac{\sqrt{2}}{2}\right)$ 的裡面。這顯示

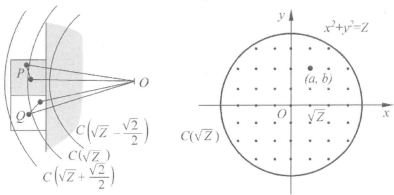

圖 22.2

$$\pi\left(\sqrt{Z}-\frac{\sqrt{2}}{2}\right)^{2} \leqslant A_{C} \leqslant \pi\left(\sqrt{Z}+\frac{\sqrt{2}}{2}\right)^{2}$$

注意到 $A_c = R(Z)$，則

$$\pi\left(1 - \frac{\sqrt{2}}{2\sqrt{Z}}\right)^2 \leqslant \frac{R(Z)}{Z} \leqslant \pi\left(1 + \frac{\sqrt{2}}{2\sqrt{Z}}\right)^2$$

當 Z 增大時，上式左右兩端都趨向 π，從而

$$\lim_{Z \to \infty} \frac{R(Z)}{Z} = \pi$$

高斯定理顯示：當圓半徑很大時，圓內整點的數目與圓的面積十分接近。確切地說，$R(Z)$-πZ 增大的速度，要比 Z 增大的速度慢得多！

不過，上面的比較是很粗糙的。精確一點的方法是，拿它與 Z^α 的增大作比較。在 $R(Z) - \pi Z$ 增大比 Z^α 增大慢得多的前提下，求 α 的下界 θ。這在數論中是一道難題，稱作「高斯整點問題」。數學家們猜測：$\theta = \frac{1}{4}$。但抵達這個界限的程式是極為緩慢的，1935 年，中國著名數學家華羅庚（1910～1985）證明了

$$\frac{1}{4} \leqslant \theta \leqslant \frac{13}{40}$$

這曾經在 25 年之內，代表著人類智慧的最高成就！

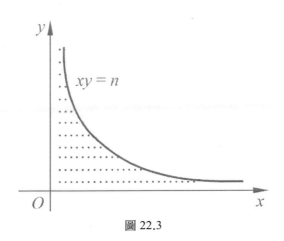

圖 22.3

值得一提的是，另一個與高斯圓內整點齊名的狄利克雷除數問題（圖 22.3），即求適合 $xy \leq n$，$x > 0$，$y > 0$ 的整點數目。

計算一個曲邊圖形的面積，往往是件十分困難的事。以下是一個有趣的問題：在多大程度上，我們可以透過「數格點」來求圖形的面積？

對於所有頂點在格點上的多邊形，喬治·皮克（Georg Pick，1849～1943）證明了以下實用而有趣的定理：

設 Ω 是一個格點多邊形。Ω 內部有 N 個格點，Ω 邊界上有 L 個格點。則 Ω 的面積

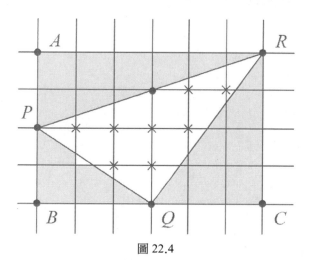

圖 22.4

$$S_\Omega = N + \frac{L}{2} - 1$$

例如，對於圖 22.4 的格點三角形 PQR，易知

$$\begin{cases} N = 8 \\ L = 4 \end{cases}$$

按公式計算得

$$S_{\triangle PQR} = 8 + \frac{4}{2} - 1 = 9$$

事實上，這個結果可以透過割補直接加以驗證：

因為 $S_{ABCR} = 4 \times 6 = 24$

$S\triangle \text{BQP} = 3$；$S\triangle \text{RQC} = 6$；$S\triangle \text{APR} = 6$

所以 $S\triangle_{PQR} = 24 -（3 + 6 + 6）= 9$

下面我們證明，對於任意的三角形，皮克定理成立。

先注意一個事實，即對於某大塊區域，其內部格點數極多，則其邊界格點與內部格點相比，幾乎可以忽略。那麼該區域的面積將很近似於它內部的格點數。

現在設想有這樣一塊大區域，它是由 n 個全等的格點三角形拼接而成。例如，圖 22.5 的六邊形區域，是由 6 個全等的三角形拼成，每個三角形的內部格點均為 8，而邊界格點則均為 4。

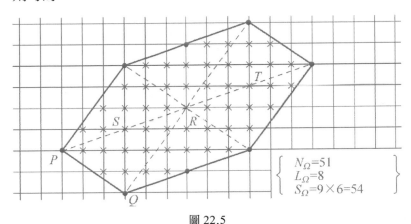

$$\left\{\begin{array}{l} N_\Omega = 51 \\ L_\Omega = 8 \\ S_\Omega = 9 \times 6 = 54 \end{array}\right\}$$

圖 22.5

仔細觀察圖 22.5 可以發現，三角形邊界上的格點（如 S、T），由於拼接上另一個三角形，而變為大區域的內部格點，三角形的頂點（如 R），則由 6 個三角形拼接，而變為

大區域的內部格點。這樣，原本 n 個三角形，有 nN 個內部格點，$3n$ 個頂點格點和（L-3）n 個邊界上的格點。在拼接成大塊區域 Ω 後，其面積

$$S_\Omega \approx nN + \frac{3n}{6} + \frac{(L-3)n}{2}$$

因為 $S\triangle = \lim\limits_{n\to\infty} \dfrac{S_\Omega}{n}$

所以 $S\triangle = N + \dfrac{1}{2} + \dfrac{L-3}{2} = N + \dfrac{L}{2} - 1$

上式顯示，皮克的結論對任意的格點三角形都是成立的。因為任何格點多邊形，都可以看成是若干格點三角形的和，所以皮克定理也適用於格點多邊形。具體的證明留給對此感興趣的讀者自行練習！

不過，通常我們需要計算的圖形並非格點多邊形。因此，首先需要透過割補的方法，將其化為面積相近的格點多邊形，然後再用皮克公式計算。

圖 22.6 是某市的區域平面圖，圖中的比例尺為 1：2,000,000。單位方格代表 $15 \times 15 = 225$ 平方公里。讀者可以用割多補少的方法，確定一個近似於該區域面積的格點多邊形，然後再用皮克公式計算該多邊形面積。不過，千萬別忘了，要把所得的結果乘以 225 平方公里！

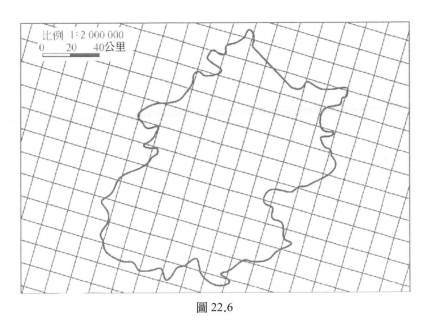

圖 22.6

　親愛的讀者，當你用上述方法親手計算出自己家鄉的實際面積時，我想你一定會為科學的勝利而感到無限欣慰！

二十三、

一個重要的極限

　　蘇聯著名的科普作家別萊利曼在他的著作《趣味代數學》裡提到過這樣一個有趣的問題：

　　已知數 a，把它分成若干部分，如果各部分乘積要最大，應該怎麼分？

　　別萊利曼的答案是這樣的：

　　當諸數的和不變時，想使乘積得到最大，務必使諸數個個相等。因此，數 a 必須分成相等的若干部分。那麼，究竟要分成幾個部分呢？可以證明，當每個部分跟數 e 最靠近時，各部分的連乘積一定最大！

　　別萊利曼這裡說的數 e，是一個介於 2 與 3 之間的無理數。1748 年，大數學家尤拉在他的傳世之作《無窮小分析引論》中，首次引用到它。e 的定義在微積分中有第二個重要極限之稱，其精確值是

$$e = 2.718281828459045\cdots$$

　　別萊利曼的結論是，把 a 分為 n 等分，那麼，在以下數列中：

$$\left(\frac{a}{2}\right)^2, \left(\frac{a}{3}\right)^3, \left(\frac{a}{4}\right)^4, \cdots, \left(\frac{a}{n}\right)^n, \cdots$$

相應於最大項的 n，應該最接近於商

$$\frac{a}{e} = \frac{a}{2.718\,28\cdots}$$

的整數。例如 $a = 20$，按計算，最接近 $\frac{20}{e}$ 的整數是 7。
這個結果的正確性，讀者可以從表 23.1 中看得一清二楚！

表 23.1 結果

n	$\dfrac{20}{n}$	$\left(\dfrac{20}{n}\right)^n$	大小順序
2	10	100	9
3	6.667	296.296	8
4	5	625	7
5	4	1024	5
6	3.333	1371.742	3
7	2.857	1554.260	1
8	2.5	1525.879	2
9	2.222	1321.561	4
10	2	1024	5
11	1.818	717.812	6

為弄清楚數 e 的來龍去脈，我們還得從圖形的壓縮講起。

數學家對一個圖形向直線壓縮的概念，要比漫畫家精確
得多。漫畫家似乎把「壓縮」理解為「壓扁」，如同圖 23.1
那樣，在垂直方向縮短的同時，水平方向莫名其妙地膨大
起來！

圖 23.1

　　數學家說的「圖形向直線壓縮」是指這樣一種變換：平
面上的每一個點 A，變為直線 L 的垂線 PA 上的另一個點 A'，
且滿足

$$\mathrm{PA'} : \mathrm{PA} = \mathrm{K}$$

　　常數 K 稱為壓縮係數。若 $K > 1$，則 $P'A > PA$。這時的
變換，名為「壓縮」，實則拉伸。很明顯，直線 L 上的點，
在「向直線壓縮下」，變為本身，如圖 23.2 所示。

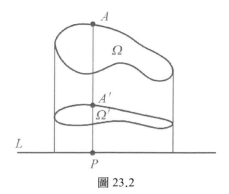

圖 23.2

倘若一個圖形連續施行兩次壓縮。先是以係數 K 向 x 軸壓縮，繼而以係數 K' 向 y 軸壓縮，那麼情況將會怎麼樣呢？

圖 23.3 是一個例子，圖中 $\triangle ABC$ 先向 x 軸壓縮，$K = \frac{1}{2}$，變換為 $\triangle A'B'C'$，再向 y 軸壓縮，$K' = 2$，變換為 $\triangle A''B''C''$。

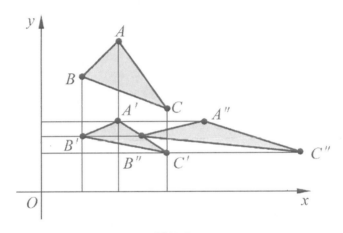

圖 23.3

很明顯，如果一個圖形 Ω，經向 x 軸、y 軸兩次壓縮，而且如同上例那樣，有 $K' = \frac{1}{K}$。那麼，變換前與變換後的圖形面積將相等。這是因為

$$S_{\Omega'} = KS_{\Omega}$$
$$S_{\Omega''} = K'S_{\Omega'}$$

二十三、一個重要的極限

從而 $S_\Omega = \dfrac{1}{K} S_{\Omega'} = K'S_{\Omega'} = S\Omega''$

現在提一個有趣的問題：請你找一個圖形，當它分別以係數 K 和 $\dfrac{1}{K}$，依次向 x 軸和 y 軸壓縮後，結果仍是原來的圖形。做得到嗎？

可能有人對此感到不可思議，因為他們認為，一個點 P 經雙向壓縮後，只要壓縮係數 $K \neq 1$，則必然變換為另一個點 P''，而絕不可能重合！其實，這是一種錯覺。事實上，存在這樣的圖形，它上面的點經雙向壓縮後，位置都產生了變化，但圖形卻是同一個！反比例函數

$$y = \dfrac{1}{x}$$

的影像就是一個例子。它是一組雙曲線，圖 23.4 只畫出它在第一象限的那一支。

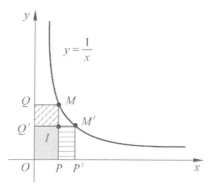

圖 23.4

204

假定 M 為雙曲線上的任一點，當它以係數 K 向 x 軸壓縮時，變換為點 I；而當點 I 以係數 $\frac{1}{K}$ 向 y 軸壓縮時，又變換為另一點 M'。上面曾經提過，經兩次壓縮後，有

$$SOPMQ = SOP'M'Q'$$

從而，M 點與 M' 點的座標間滿足以下關係：

$$x\mathrm{M'} \cdot y\mathrm{M'} = x\mathrm{M} \cdot y\mathrm{M} = 1$$

這顯示 M' 點也在雙曲線上。也就是說，所有雙曲線上的點變換後，只是在雙曲線上挪動了一個位置。對這種特殊的雙向壓縮變換，我們叫做「雙曲旋轉」。

雙曲旋轉有一個非常奇妙的特性：即一個曲邊梯形 $PQNM$ 的面積 S_{PQNM}，只跟 P、Q 兩點的橫座標的比值 $x_Q : x_P = \lambda$ 有關（圖 23.5）。這是因為經過雙曲旋轉，不僅曲邊梯形面積沒有改變，而且對應點的橫座標比值也沒有改變。這樣，曲邊梯形的面積 S_{PQNM}，便可以看成是 P、Q 兩點橫座標比值 λ 的函數

$$S_{PQNM} = S\left(\frac{x_Q}{x_P}\right) = S(\lambda)$$

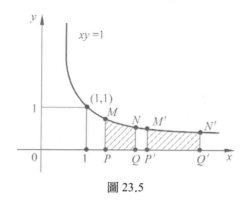

圖 23.5

特別地,當 P、Q 重合時,$\lambda = 1$,從而

$$S(1) = 0$$

從圖 23.6 可以看出 $S(2)$ 一定小於黑框正方形的面積,而 $S(3)$ 則一定大於以 PQ 為中位線的梯形 $ABCD$ 的面積,這意味著

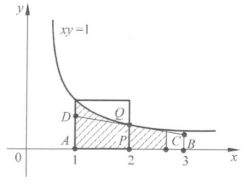

圖 23.6

$$S(2) < 1$$

$$S(3) > 1$$

從而，在 2 與 3 之間必可找到一點 e，使得

$$S(e) = 1$$

這個 e，就是尤拉當初引進的數！以下我們想辦法把數 e 猜想得精確一些。考查圖 23.7 的曲邊梯形 $APMN$，其中 A 點和 P 點的橫座標分別為 1 和 $\left(1+\dfrac{1}{n}\right)$，從圖 23.6 中可以看出，曲邊梯形的面積為 $S\left(1+\dfrac{1}{n}\right)$，它介於兩個矩形的面積之間，這兩個矩形面積容易算得是 $\dfrac{1}{n+1}$ 和 $\dfrac{1}{n}$，即

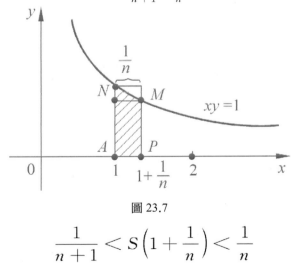

圖 23.7

$$\frac{1}{n+1} < S\left(1+\frac{1}{n}\right) < \frac{1}{n}$$

另一方面，我們很容易得知，對於 λ 的函數 $S(\lambda)$ 有

$$S(\lambda_1) + S(\lambda_2) = S(\lambda_1 \cdot \lambda_2)$$

事實上，$S(\lambda_1)$ 表示橫座標從 1 到 λ_1 的雙曲線曲邊梯形面積，而 $S(\lambda_2) = S\left(\dfrac{\lambda_1\lambda_2}{\lambda_1}\right)$ 表示橫座標從 λ_1 到 $\lambda_2\lambda_1$ 的曲邊梯形面積。兩者相加即為橫座標從 1 到 $\lambda_1\lambda_2$ 的曲邊梯形面積，這就是 $S(\lambda_1\lambda_2)$。

讀者學過對數的知識，想必知道只有對數才具備上述性質。注意到 $S(e) = 1$，所以不妨令

$$S(\lambda) = \log_e\lambda$$

於是，我們有

$$\frac{1}{n+1} < \log_e\left(1 + \frac{1}{n}\right) < \frac{1}{n}$$

$$\left(1 + \frac{1}{n}\right)^n < e < \left(1 + \frac{1}{n}\right)^{n+1}$$

上式顯示，當 $n \to \infty$ 時，有

$$e = \lim_{n \to \infty}\left(1 + \frac{1}{n}\right)^n$$

這就是今天大多數書中採用的定義。這個定義的不足，是接近 e 的速度不夠快。例如，n 取 1,000 時也才算得

$$2.7169239 < e < 2.7196409$$

另一個接近速度更快的式子為

$$e = 1 + \frac{1}{1!} + \frac{1}{2!} + \frac{1}{3!} + \frac{1}{4!} + \cdots$$

這裡 $n! = 1 \times 2 \times 3 \times \cdots\cdots \times n$，讀作「$n$ 階乘」，是數學中一個很常用的符號。用後一式子只要取 18 項，就可以得到 e 的前 15 位小數！

在本節的開始我們曾經說過，極限

$$\lim_{n \to \infty} \left(1 + \frac{1}{n}\right)^n = e$$

在微分學中被稱為第二個重要極限。讀者一定想知道，號稱「第一」的重要極限是什麼？那就是

$$\lim_{x \to 0} \frac{\sin x}{x} = 1$$

不過，這個極限無論從重要性還是應用的廣泛性，都有遜於 e 這個極限！

二十四、

人類認知的無限和有限

　　人類生存在一個無限的時間和空間中。這個時空包含無窮的奧祕和規律，等待人類去認知和發現。儘管人的認知不可能有窮盡，但已被了解的東西卻是有限的！

　　迄今為止，人類認知的最小物質是「夸克」。夸克的直徑大小約為 10^{-18} 公尺，而今天人類了解的宇宙可見邊界的直徑，卻遠達 930 億光年，即約 10^{27} 公尺。相比之下，可測長度跨越了 45 個數量級。這意味著需要用 10^{45} 個夸克，一個接一個地照直線排列，才能從宇宙的一個盡頭，排到另外一個盡頭！

　　在質量方面，雖然目前公認光子的質量最小，但光子的靜止質量為 0，無法進行深層次比較，所以人們傾向把電子作為最小質量的粒子。一個電子的質量約為 10^{-30} 公斤，而宇宙間物質的總質量卻高達 10^{53} 公斤，相比之下，可計質量跨越了 83 個數量級！

　　時間從過去走到現在，又從現在奔向未來！在現代生活中，秒是最基本的計時單位。人們常把「爭分奪秒」視為高效率的象徵。須知一個 Ω 介子一生的壽命，卻短到只有 10^{-22} 秒；而紅矮星的壽命卻可能長達 2,000 億年（約 6.3×10^{18} 秒）。從 Ω 介子到紅矮星的壽命，可測時間竟跨越了 40 個數量級！

　　對於時間、空間和質量，人類的視野將隨著歷史文明的

步伐而繼續擴大,向更深、更廣、更高處不斷延伸。

　　圖 24.1 摘自國外科學雜誌,圖名為〈世界萬物小與大〉。透過數字與事實,讀者可以了解到有別於本書中所描述的另一種無限中的有限,一種人類對無限時空的有限認知!

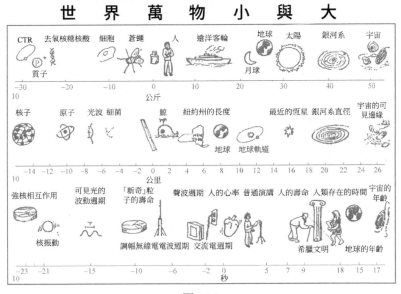

圖 24.1

電子書購買

爽讀 APP

國家圖書館出版品預行編目資料

數學中的「無限宇宙」：質數數列、費波那契數、無窮大級數、流數術……數學家開啟了幾何跟自然的大門，更開啟人類無限的知識！/ 張遠南，張昶 著 . -- 第一版 . -- 臺北市：崧燁文化事業有限公司 , 2024.06

面；　公分

POD 版

ISBN 978-626-394-314-8(平裝)

1.CST: 數學

310　　　113006610

數學中的「無限宇宙」：質數數列、費波那契數、無窮大級數、流數術……數學家開啟了幾何跟自然的大門，更開啟人類無限的知識！

臉書

作　　者：張遠南，張昶

發 行 人：黃振庭

出 版 者：崧燁文化事業有限公司

發 行 者：崧燁文化事業有限公司

E - m a i l：sonbookservice@gmail.com

粉 絲 頁：https://www.facebook.com/sonbookss/

網　　址：https://sonbook.net/

地　　址：台北市中正區重慶南路一段 61 號 8 樓

8F., No.61, Sec. 1, Chongqing S. Rd., Zhongzheng Dist., Taipei City 100, Taiwan

電　　話：(02) 2370-3310　　傳　　真：(02) 2388-1990

印　　刷：京峯數位服務有限公司

律 師 顧 問：廣華律師事務所 張珮琦律師

-版權聲明-

原著書名《无限中的有限：极限的故事》。本作品中文繁體字版由清華大學出版社有限公司授權台灣崧燁文化事業有限公司出版發行。

未經書面許可，不可複製、發行。

定　　價：299 元

發行日期：2024 年 06 月第一版

◎本書以 POD 印製

Design Assets from Freepik.com